VDV-Akademie e. V. (Hrsg.) | Goerdt Gatermann
BG Verkehr (Ralf Brandau/Petra Drünkler) | Axel Gebauer
Sylvester Neumann | Harald Ruben

Sozialvorschriften, Risiken und Notfälle im Straßenverkehr

EU-Berufskraftfahrer

ARBEITS- UND LEHRBUCH

VERLAG HEINRICH VOGEL

Name des Teilnehmers

Datum der Weiterbildung

Name der Ausbildungsstätte

© 2008 Verlag Heinrich Vogel
in der Springer Fachmedien München GmbH,
Aschauer Straße 30, 81549 München

3. Auflage 2010
Stand 08/2010

Herausgeber VDV-Akademie e.V.
Autoren Goerdt Gatermann, BG Verkehr
(Ralf Brandau/Petra Drünkler)/Axel Gebauer,
Sylvester Neumann, Harald Ruben
Bildnachweis Daimler AG, Deutscher
Verkehrssicherheitsrat e.V., Bonn, Josef
Eickholt, Kraftfahrt-Bundesamt (KBA), Frank
Lenz, Siemens, TOTAL Feuerschutz GmbH,
Archiv Verlag Heinrich Vogel
Illustrationen Jörg Thamer
Umschlaggestaltung Bloom Project
Layout und Satz Uhl+Massopust, Aalen
Lektorat Matthias Pieringer und
Dr. Bernhard F. Reiter
Herstellung Markus Tröger
Druck Schätzl Druck & Medien, Donauwörth

Springer Fachmedien ist Teil
der Fachverlagsgruppe
Springer Science+Business Media

ISBN 978-3-574-24716-3

Inhalt

Vorwort

Das Berufskraftfahrer-Qualifikationsgesetz (BKrFQG), das auf der EG-Richtlinie 2003/59 basiert und die Aus- und Weiterbildung von Berufskraftfahrern regelt, ist am 01. Oktober 2006 in Kraft getreten. Das BKrFQG bedeutet für alle gewerblich tätigen Berufskraftfahrer grundlegende Veränderungen in der Aus- und den nun verpflichtenden Weiterbildungen. Die Berufskraftfahrer im Personenverkehr müssen bis zum September 2013 eine Weiterbildung von 35 Stunden absolviert haben. Um die Weiterbildung mit der Gültigkeit des Führerscheins zu synchronisieren, kann bei entsprechendem Ablaufdatum des Führerscheins die Weiterbildung bis September 2015 erfolgen. Die vorrangigen Ziele dieser Weiterbildungen sind zum einen die Erhöhung der Verkehrssicherheit im Straßenverkehr, zum anderen die Verbesserung der wirtschaftlichen Fahrweise der Berufskraftfahrer. Diese und andere Ziele werden in der Anlage 1 der Berufskraftfahrer-Qualifikationsverordnung (BKrFQV) definiert und bilden die Rahmenvorgaben für die Ausbildungsstätten und Fahrschulen, die die Weiterbildungen anbieten wollen.

Der Verlag Heinrich Vogel setzt die Inhalte der Anlage 1 in Zusammenarbeit mit der VDV-Akademie (Verband Deutscher Verkehrsunternehmen Akademie e. V.) in diesem Arbeits- und Lehrbuch gemeinsam um.

Auf Basis des VDV-Rahmenlehrplans für die Weiterbildung gemäß BKrFQG wurden die Themen zusammengestellt und gewichtet. So entstanden fünf Module (in Einheiten von sieben Stunden), die damit den Anforderungen der Gesetzgeber in Brüssel und Berlin entsprechen.

Ebenso erfüllen sie die qualitativen Anforderungen der Akademien von DEKRA, TÜV NORD, TÜV Rheinland und TÜV SÜD, deren Angebote zur Weiterbildung entsprechend gestaltet wurden.

In diesem Modul geht es um die Sicherheit des Fahrers. Die Einhaltung der Lenk- und Ruhezeiten ist nicht nur eine lästige Pflicht, sondern trägt auch ganz wesentlich zur eigenen Sicherheit bei. Durch die Beachtung der verschiedenen Vorschriften können ganz konkret Notfälle oder rechtliche Konflikte vermieden werden. So können Sie verhindern, dass für Ihre Fahrgäste, für andere Verkehrsteilnehmer, aber auch für Sie persönlich Nachteile entstehen.

Alle hier wiedergegebenen Informationen sind mit Sorgfalt recherchiert und entsprechen der aktuellen Rechtslage zu Zeiten des Redaktionsschlusses. Eine rechtliche Gewähr für die Richtigkeit der einzelnen Angaben kann jedoch nicht übernommen werden.

Auf Anregungen und Kritik freuen wir uns. Wir wünschen allen, die mit diesem Buch arbeiten, eine spannende und erfolgreiche Weiterbildung!

Ihr Verlag Heinrich Vogel

Symbolerläuterungen

 Ziel   Medienverweis

 Hintergrundwissen

Medienverweis →

Thomas Fritz
Lenk- und Ruhezeiten in der Praxis
Artikelnummer: 23002

Christoph Rang
Lenk- und Ruhezeiten im Straßenverkehr
Artikelnummer: 23013

Christoph Rang
Das digitale Kontrollgerät
Artikelnummer: 23003

Fahreranweisung Lenk- und Ruhezeiten
Artikelnummer: 13981

Fahreranweisung Digitales Kontrollgerät
Artikelnummer: 13973

erhältlich unter:
Tel. 089/203043-1600
Fax 089/203043-2100

oder bei Ihrem Verlag Heinrich Vogel **Fachberater** vor Ort

www.heinrich-vogel-shop.de
www.eu-bkf.de

Zu den Themen **Sicherheit und Gesundheit** bietet die Berufsgenossenschaft für Transport und Verkehrswirtschaft (BG Verkehr) das Moderationsprogramm „Gesund und Sicher – Arbeitsplatz Omnibus" sowie weitere Seminare und Medien an. Weitere Infos: www.bg-verkehr.de; praevention@bg-verkehr.de; Fax 040–39801999

Einführung

▶ Sie sollen einen Überblick über den Ablauf und die Ziele des Moduls bekommen

Ziele des Moduls

Unter anderem folgende Inhalte gemäß Anlage 1 BKrFQV werden in diesem Modul vermittelt:

- Kenntnisse der sozialrechtlichen Rahmenbedingungen und Vorschriften für den Personenverkehr, insbesondere höchstzulässige Arbeitszeiten nach den EG-Sozialvorschriften, dem AETR und dem Arbeitszeitgesetz (s. Anlage 1 der BKrFQV, Nr. 2.1)
- Kenntnisse in der Benutzung des digitalen Kontrollgerätes sowie über Sanktionen bei Fehlbedienung oder Nichtbenutzung des Gerätes (s. Nr. 2.1)
- Einen Überblick über die Folgen von Zuwiderhandlungen gegen diese Vorschriften
- Die Fähigkeit, der Kriminalität und der Schleusung illegaler Einwanderer vorzubeugen (s. Nr. 3.2)
- Sensibilisierung in Bezug auf Risiken und Notfälle des Straßenverkehrs und Arbeitsunfälle (s. Nr. 3.1)
- Die Fähigkeit zu richtiger Einschätzung der Lage bei Notfällen (s. Nr. 3.5)

1 Sozialvorschriften und digitales Kontrollgerät

1.1 Die EG-Sozialvorschriften

▶ Sie sollen grundlegendes Wissen über die Lenk- und Ruhezeiten im gewerblichen Personenverkehr erwerben.

Geltungsbereich:

Die EG-Sozialvorschriften gelten für alle Fahrer, die ein Kraftfahrzeug zur Personenbeförderung mit mehr als 8 Fahrgastplätzen im Gelegenheitsverkehr oder im Linienverkehr über 50 km Linienlänge führen, das in der Bundesrepublik Deutschland oder in allen anderen EU-Staaten eingesetzt wird.

Die EU-Mitgliedsstaaten sind:

- Belgien (B)
- Bulgarien (BG)
- Bundesrepublik Deutschland (D)
- Dänemark (DK)
- Estland (EST)
- Finnland (FIN)
- Frankreich (F)
- Griechenland (GR)
- Großbritannien (GB)
- Irland (IRL)
- Italien (I)
- Lettland (LV)
- Litauen (LT)
- Luxemburg (L)
- Malta (M)
- Niederlande (NL)
- Österreich (A)
- Polen (PL)
- Portugal (P)
- Rumänien (RO)
- Schweden (S)
- Slowakei (SK)
- Slowenien (SLO)
- Spanien (E)
- Tschechische Republik (CZ)
- Ungarn (H)
- Zypern (CY)

Nach dem EWR-Abkommen gelten die EG-Sozialvorschriften außerdem in:

- Island (IS)
- Liechtenstein (FL)
- Norwegen (N)

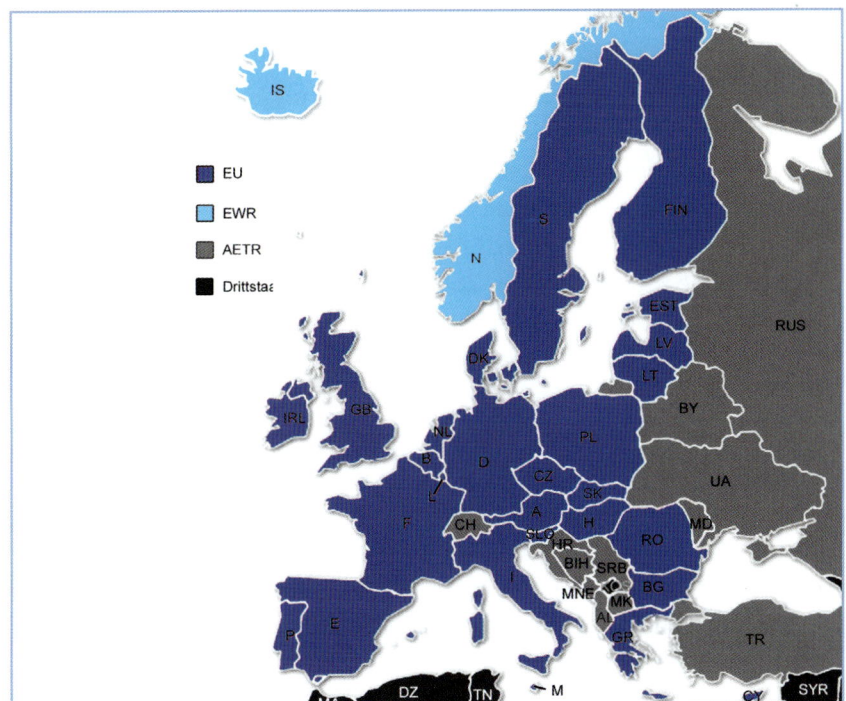

Abbildung 1:
EU-, EWR- und
AETR-Staaten

Die Schweiz hat sich den EG-Sozialvorschriften angeschlossen, und angekündigt, diese zum 01.01.2011 zu übernehmen.

Definitionen

Fahrer
Jede Person, die das Fahrzeug – wenn auch nur für kurze Zeit – selbst lenkt oder sich im Fahrzeug befindet, um es gegebenenfalls lenken zu können.

Andere Arbeiten

- Jegliche Arbeit für denselben oder einen anderen Arbeitgeber, sei es inner- oder außerhalb des Verkehrssektors, insbesondere:
  - Be- und Entladen
  - Hilfe beim Ein- und Aussteigen der Fahrgäste

- Reinigung und technische Wartung
- Alle anderen Arbeiten, die dazu dienen, die Sicherheit des Fahrzeugs, der Ladung und der Fahrgäste zu gewährleisten bzw. die gesetzlichen oder behördlichen Formalitäten, die einen direkten Zusammenhang mit der gerade ausgeführten spezifischen Transporttätigkeit aufweisen, zu erledigen; hierzu gehören auch: Erledigung von Formalitäten im Zusammenhang mit Polizei, Zoll, Einwanderungsbehörden usw.

■ Die Zeiten, während derer das Fahrpersonal nicht frei über seine Zeit verfügen kann und sich an seinem Arbeitsplatz bereithalten muss, um seine normale Arbeit aufzunehmen, wobei es bestimmte, mit dem Dienst verbundene Aufgaben ausführt.

Arbeitsschicht

Der Begriff „Arbeitsschicht" ist hier nicht in rechtstechnischen Sinn zu verstehen. Er meint hier die Zeit vom Beginn der Arbeitsaufnahme bis zum Ende und umfasst Fahrtunterbrechungen, Lenkzeit, sonstige Arbeitszeit sowie Bereitschaftszeit.

Bereitschaftszeiten

■ Die Wartezeit, d.h. die Zeit, in der die Fahrer nur an ihrem Arbeitsplatz verbleiben müssen, um der etwaigen Aufforderung nachzukommen, die Fahrtätigkeit aufzunehmen bzw. wieder aufzunehmen oder andere Arbeiten zu verrichten

■ Die während der Fahrt neben dem Fahrer oder in einer Schlafkabine verbrachte Zeit

Fahrtunterbrechung (FU) (früher: Lenkzeit-Unterbrechung)

Jeder Zeitraum (mindestens 15 Minuten), in dem der Fahrer keine Fahrtätigkeit ausüben und keine anderen Arbeiten ausführen darf und der ausschließlich zur Erholung genutzt wird, also kein Lenken, keine anderen Arbeiten.

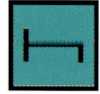

Ruhepause

Jeder ununterbrochene Zeitraum, in dem ein Fahrer frei über seine Zeit verfügen kann.

Woche

Der Zeitraum von Montag, 0.00 Uhr bis Sonntag, 24.00 Uhr.

Lenkzeit (LZ)

Die Lenkzeit ist reiner Dienst am Steuer inklusive kurzer, verkehrsbedingter Standzeiten (z. B. Ampel). Nach einer Lenkzeit von höchstens 4,5 Stunden hat der Fahrer eine Unterbrechung von mindestens 45 Minuten einzulegen.

Die Fahrtunterbrechung (FU) von 45 Minuten kann aufgeteilt werden. *Einer ersten Unterbrechung von mindestens 15 Minuten muss nach einer weiteren Lenkzeit eine zweite Unterbrechung von mindestens 30 Minuten folgen. Achtung: Eine Aufteilung in dreimal 15 Minuten oder einmal 30 Minuten und anschließend 15 Minuten ist nicht mehr zulässig!*

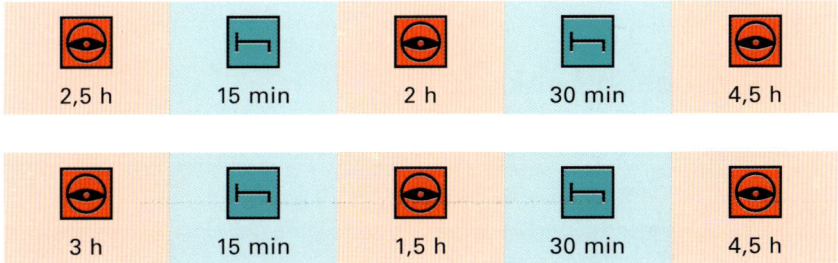

Tages-Lenkzeit

Die Tages-Lenkzeit ist der reine Dienst am Steuer zwischen zwei Tages-Ruhezeiten oder zwischen einer Tages- und Wochenruhezeit, inklusive kurzer, verkehrsbedingter Standzeiten (z. B. Ampel).

Die Tages-Lenkzeit darf neun Stunden nicht überschreiten.

Zweimal pro Woche darf die Tages-Lenkzeit auf zehn Stunden erhöht werden. Dabei dürfen die Teil-Lenkzeiten 4,5 h nicht überschreiten. Die Fahrtunterbrechungen müssen zusammen mindestens 90 Minuten betragen.

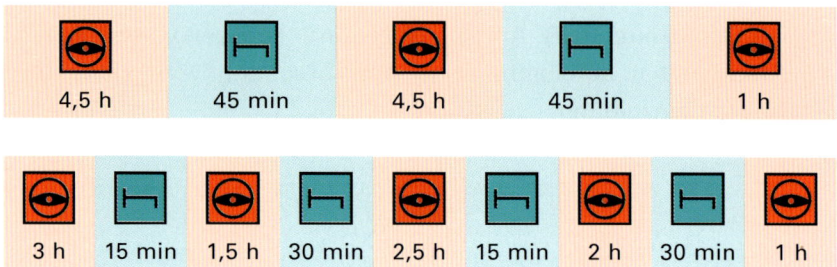

Wochen-Lenkzeit

Die „Wochenlenkzeit" ist die summierte Gesamtlenkzeit innerhalb einer Woche. Diese wöchentliche Lenkzeit darf 56 Stunden nicht überschreiten. Achtung: Früher war die Wochenlenkzeit nicht ausdrücklich begrenzt. Die Grenze von 56 Stunden gilt also erst seit dem 11. April 2007.

Doppelwochen-Lenkzeit

Die Lenkzeit in der Doppelwoche darf 90 Stunden nicht überschreiten.

Mo	Di	Mi	Do	Fr	Sa	So		Mo	Di	Mi	Do	Fr	Sa	So

z.B. 45 Stunden   + 45 Stunden   = 90 Stunden
      50 Stunden   + 40 Stunden   = 90 Stunden
      max. 56 Stunden + 34 Stunden = 90 Stunden

Höchstzulässige Arbeitszeit

Die wöchentliche Höchstarbeitszeit darf 60 Stunden nicht überschreiten. Innerhalb von vier Kalendermonaten oder 16 Wochen darf sie im Durchschnitt 48 Stunden wöchentlich nicht überschreiten (Abweichungen durch Tarifverträge möglich).

Unter die hier genannte Arbeitszeit fallen die Lenkzeiten ohne die Fahrtunterbrechungen sowie die so genannten anderen Arbeiten.

Tages-Ruhezeit

Die Tages-Ruhezeit ist der tägliche Zeitraum, in dem ein Fahrer frei über seine Zeit verfügen kann. Er umfasst eine „regelmäßige tägliche Ruhezeit" (mindestens elf Stunden) oder eine „reduzierte tägliche Ruhezeit" (mindestens neun, aber weniger als elf Stunden).

Innerhalb von 24 Stunden nach der letzten Tages- oder Wochenruhezeit muss eine Tages-Ruhezeit von grundsätzlich elf zusammenhängenden Stunden eingehalten werden.

Tägliche und reduzierte wöchentliche Ruhezeiten (nach der alten Verordnung nur die täglichen Ruhezeiten) können im stehenden Fahrzeug verbracht werden, sofern das Fahrzeug über „geeignete Schlafmöglichkeiten für jeden Fahrer" verfügt. Anders als bisher gilt dies nur, wenn die betreffende Ruhezeit nicht am Standort eingelegt wird.

Ruhezeit	Arbeitsschicht 9 h 45 min	Ruhezeit 11 h	Arbeitsschicht
	24 Stunden		

Davon abweichend kann der Fahrer die Ruhezeiten flexibel gestalten. Er kann die Ruhezeit aufteilen und sie zwischen zwei Wochen-Ruhezeiten dreimal auf neun Stunden verkürzen (verkürzte tägliche Ruhezeit).

Aufteilung der Tages-Ruhezeit

Die Ruhezeit kann in zwei Blöcke aufgeteilt werden. Dabei erhöht sich die Länge der Tages-Ruhezeit von elf auf zwölf Stunden innerhalb eines Zeitraumes von 24 Stunden. Der erste Block muss mindestens drei Stunden, der zweite Block mindestens neun Stunden betragen.

Arbeitsschicht	Ruhezeit 3 h	Arbeitsschicht	Ruhezeit 9 h

Die Aufteilung ist an jedem Tag möglich. Sie ist nur ausgeschlossen, wenn die Ruhezeit an diesem Tag verkürzt wird.

Die Aufteilung der Ruhezeit ist sinnvoll, wenn Zeiträume eintreten, über die Sie als Fahrer frei verfügen können: zum Beispiel bei Veranstaltungen für die Fahrgäste außerhalb des Busses.
Damit ist ein Teil der aufgeteilten Ruhezeit abgedeckt.
Nicht mehr möglich ist die Aufteilung der Tagesruhezeit in drei Blöcke. Auch die Reihenfolge der Blöcke ist jetzt nicht mehr beliebig! Der erste der beiden Blöcke muss der kürzere sein.

Verkürzung der Tages-Ruhezeit

Neben der Aufteilung der Tages-Ruhezeit kann sie dreimal pro Woche auf neun Stunden verkürzt werden. *Ein Ausgleich für die Verkürzung ist nicht mehr erforderlich!*

Sonderfall 1: Mehr-Fahrer-Besatzung

Der Aufenthalt in einem fahrenden Omnibus gilt für den Fahrer, der momentan nicht am Lenkrad sitzt, nicht als Ruhezeit, auch dann nicht, wenn er in der Schlafkabine ist. Diese Zeit zählt zur Bereitschaftszeit und wird der Fahrtunterbrechung zugeordnet.

Für den Arbeitsrhythmus der „Mehr-Fahrer-Besatzung" bedeutet das:

Die Doppelbesatzung arbeitet und ruht synchron.

Abweichend von den Regelungen zur Tages-Lenkzeit gilt:
Jeder der beiden Fahrer muss innerhalb von 30 Stunden nach der letzten Tages- oder Wochenruhezeit eine Tages-Ruhezeit von neun zusammenhängenden Stunden in Anspruch nehmen. Bis zum 11. April 2007 betrug die Tagesruhezeit acht zusammenhängende Stunden innerhalb eines jeden Zeitraumes von 30 Stunden!

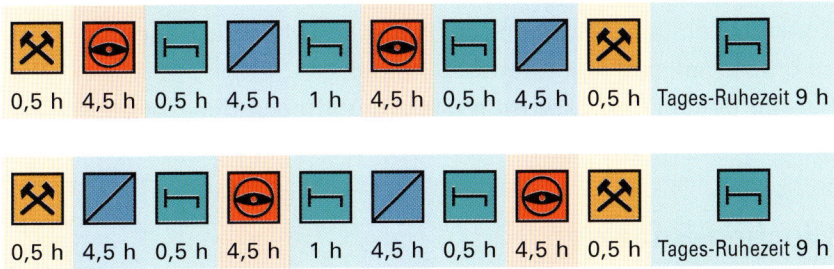

Dabei kann die zulässige Arbeitsschicht bis zu 21 Stunden betragen, in der jeder Fahrer das Fahrzeug bis zu zehn Stunden lenken darf.

Hinweis 1: Eine Mehr-Fahrer-Besatzung darf die Tages-Ruhezeit nicht aufteilen!

Hinweis 2: Während der ersten Stunde des Mehrfahrerbetriebes ist die Anwesenheit eines zweiten Fahrers nicht unbedingt, während der restlichen Zeit jedoch zwingend erforderlich. Ansonsten zählt die Fahrt nicht als Mehrfahrerbetrieb!

Sonderfall 2: Eisenbahn- und Fährverkehr

Begleiten Sie als Fahrer ein Fahrzeug, das auf einem Fährschiff oder mit der Eisenbahn befördert wird, so darf die Tages-Ruhezeit höchstens zweimal unterbrochen werden, um beispielsweise Zollformalitäten zu erledigen oder das Fahrzeug umzustellen.

Voraussetzungen: Die Dauer der Ruhezeit-Unterbrechungen darf zusammen maximal eine Stunde betragen.
Für die beiden Teile der Ruhezeit vor und nach der Unterbrechung muss Ihnen ein Bett oder eine Schlafkabine zur Verfügung stehen.

Wochen-Ruhezeit

Spätestens sechs Tage (6 × 24 h) nach der letzten Wochenruhezeit muss eine zusammenhängende regelmäßige Wochen-Ruhezeit von 45 Stunden genommen werden.

Mo	Di	Mi	Do	Fr	45 h Wochen-Ruhezeit	Mo	Di	Mi	Do	Fr	Sa

Im grenzüberschreitenden Personenverkehr durfte bis zum 11.04.2007 die Arbeitszeit auf zwölf Tage verlängert werden, das galt nach diesem Datum nicht mehr. Da diese Regelung zu starken Einschränkungen im Gelegenheitsverkehr geführt hat, wurde sie neu gefasst. Eine **neue 12-Tage-Regelung** ist seit 04.06.2010 gültig. Eine wöchentliche Ruhezeit kann unter folgenden Bedingungen nach spätestens zwölf Tagen genommen werden:

- Der Fahrt geht eine regelmäßige wöchentliche Ruhezeit voraus.
- Es handelt sich um eine einzige Reise.
- Die Reise geht ins Ausland.
- Der Aufenthalt im Ausland dauert mindestens 24 Stunden.
- Nach der Inanspruchnahme dieser Ausnahmeregelung nimmt der Fahrer entweder zwei regelmäßige wöchentliche Ruhezeiten von

je 45 Stunden (also zusammen 90 Stunden) oder eine regelmäßige und eine verkürzte wöchentliche Ruhezeit von mindestens
24 Stunden (also zusammen 69 Stunden). In letztgenanntem Fall
muss der Ausgleich für die Verkürzung ohne Unterbrechung spätestens vor dem Ende der dritten Woche nach dem Ende des Aus-
nahmezeitraumes genommen werden.

Ab 01.01.2014 gilt die neue Regelung nur, wenn das Fahrzeug mit
einem digitalen Tachograph ausgestattet ist. Ab dann gilt weiterhin,
dass bei Nachtfahrten (Fahrten in der Zeit zwischen 22:00 Uhr und
06:00 Uhr) der Bus entweder mit zwei Fahrern besetzt sein oder die
Fahrtunterbrechung bereits nach spätestens drei Stunden Lenkzeit
eingelegt werden muss.

Verkürzung der Wochen-Ruhezeit

In zwei aufeinander folgenden Wochen muss der Fahrer entweder
zwei regelmäßige wöchentliche Ruhezeiten (jeweils 45 Stunden)
oder eine regelmäßige (45 Stunden) und eine verkürzte Wochenruhezeit von mindestens 24 Stunden einhalten.

Ausgleich

Hierfür muss ein entsprechender Ausgleich gewährt werden, der
spätestens vor dem Ende der dritten Woche, die auf die betreffende
Woche folgt, zu nehmen ist. Dieser Ausgleich muss an eine mindestens neunstündige Ruhezeit (früher: achtstündige Ruhezeit) angehängt werden.

Beispiel 1: Die Ausgleichszeit wird vor Ende der dritten Woche in
Verbindung mit einer Wochenruhezeit genommen.

24						45						45						21+45	
So	Mo	Di	Mi	Do	Fr	Sa	So	Mo	Di	Mi	Do	Fr	Sa	So	Mo	Di	Mi	Do	Fr	Sa	So

Beispiel 2: Die Ausgleichszeit wird an eine neunstündige Tagesruhezeit angehängt.

24						45			9+21				45	
So	Mo	Di	Mi	Do	Fr	Sa	So	Mo	Di	Mi	Do	Fr	Sa	So

Beispiel 3: Alle Ausgleichzeiten der letzten drei Wochen werden zusammen mit einer Wochen-Ruhezeit genommen. Achtung: Innerhalb
von zwei aufeinander folgenden Wochen muss mindestens eine Wochenruhezeit 45 Stunden betragen. Es dürfen also nicht zwei verkürzte Ruhezeiten hintereinander genommen werden!

24					45									24				21 + 21 + 45		
So	Mo	Di	Mi	Do	Fr	Sa	So	Mo	Di	Mi	Do	Fr	Sa	So	Mo	Di	Mi	Do	Fr	Sa	So

Hinweis: Eine Tagesruhezeit oder eine verkürzte Wochenruhezeit
kann im Fahrzeug verbracht werden, sofern das Fahrzeug über geeignete Schlafmöglichkeiten verfügt und nicht fährt.

Abbildung 2:
Ruhekabine

An- und Abreise zum Arbeitsplatz

Die Zeit, in der Sie als Fahrer mit der Bahn oder dem Schiff zu einem Fahrzeug anreisen, um außerhalb Ihres Wohnsitzes oder außerhalb der Betriebsstätte des Arbeitgebers die Fahrtätigkeit aufzunehmen, ist nur dann als Ruhezeit oder Fahrtunterbrechung anzurechnen, wenn Ihnen ein Liegewagen oder eine Koje zur Verfügung steht.
Reisen Sie mit dem Pkw oder einem anderen Fahrzeug zum Einsatzort außerhalb Ihres Wohnsitzes oder außerhalb der Betriebsstätte des Arbeitgebers, so ist diese Anreisezeit als „andere Arbeiten" anzusehen. Entsprechendes gilt auch für die Rückreise.

Aufzeichnungspflicht für „andere Arbeiten"

Die neue Verordnung bestimmt, dass Sie als Fahrer alle Arbeitszeiten (siehe Definition „Andere Arbeiten") festhalten müssen, die Sie für denselben oder einen anderen Arbeitgeber ausführen. Dies gilt ebenso für alle Lenkzeiten in einem Fahrzeug, das für gewerbliche Zwecke außerhalb des Anwendungsbereichs der vorliegenden Verordnung verwendet wird (z. B. gewerblicher Güterverkehr in einem Fahrzeug mit einer Gesamtmasse kleiner 3,5 t oder Linienverkehr mit einer Linienlänge < 50 km). Ferner müssen Sie die seit Ihrer letzten täglichen oder wöchentlichen Ruhezeit verbrachten Bereitschaftszeiten dokumentieren.

Ausnahmen

Sofern die Sicherheit im Straßenverkehr nicht gefährdet wird, können Sie von den Lenk- und Ruhezeitbestimmungen abweichen, um einen geeigneten Halteplatz zu erreichen, soweit dies erforderlich ist, um die Sicherheit von Personen, des Fahrzeugs oder seiner Ladung zu gewährleisten. Sie müssen Art und Grund dieser Abweichung spätestens bei Erreichen des geeigneten Halteplatzes handschriftlich auf dem Schaublatt des Kontrollgeräts oder einem Ausdruck aus dem Kontrollgerät oder im Arbeitszeitplan vermerken.

Diese Ausnahmen können sein:

- Gefahr (zum Beispiel plötzliche, schwere Krankheit eines Fahrgastes)
- Höhere Gewalt (Stau, Wartezeiten an der Grenze wegen Streiks)
- Hilfeleistung
- Panne

Abbildung 3: Stau

Praxisfragen

Frage 1 Ein Omnibusfahrer fährt eine Reisegruppe von Hamburg nach München. Nach einer dreistündigen, ununterbrochenen Fahrt macht er eine 30-minütige Pause. Wann muss er die nächste Pause einlegen? Wie lang muss diese Pause sein?

Frage 2 Ein Omnibusfahrer lenkt einen Omnibus in einer Woche fünfmal neun Stunden und einmal zehn Stunden. Wie viele Stunden darf er in der darauf folgenden Woche einen Omnibus lenken?

Frage 3 Eine Omnibusfahrerin beginnt nach einem freien Wochenende Montagmorgen ihren Dienst. Sie fährt eine Reisegruppe zu einer zweiwöchigen Fahrt von Süddeutschland in die Toskana. Jeden Tag sind Ausflugsfahrten zu den umliegenden Städten und Sehenswürdigkeiten geplant. Innerhalb der Tagestouren kann sie ihre Lenk- und Ruhezeiten bequem einhalten. Für Sonntag steht eine Fahrt nach Florenz auf dem Programm. Was muss die Omnibusfahrerin bzw. der Disponent bei der Planung der Fahrt beachten?

(Hinweis: Beachten Sie die seit 04.06.2010 bestehende, neue 12-Tage-Regelung.

Frage 4 Eine Omnibusfahrerin fährt eine Urlaubsgruppe aus dem Ruhrgebiet an die nordspanische Mittelmeerküste. Die Fahrt dauert etwa 18 – 20 Stunden. Auf dem Weg nach Spanien soll sie von einem Kollegen abgelöst werden, der mit dem Zug zu dem vereinbarten Treffpunkt anreist. Was muss der Disponent bei der Planung dieser Tour berücksichtigen?

Abbildung 4:
Reisebus
Quelle:
Daimler AG

Frage 5 Ein Omnibusfahrer beginnt nach einer elfstündigen Tagesruhezeit Freitagmorgen um 06:00 Uhr seinen Dienst. Er hatte am letzten Wochenende frei und war in dieser Woche jeden Tag neun Stunden im Einsatz. Er fährt an diesem Tag bis 09:00 Uhr im Berufsverkehr. Bis 12:00 Uhr kann er über seine Zeit frei verfügen, dann fährt er wieder bis 15:00 Uhr. Am Nachmittag um 18:30 Uhr soll er einen Kegelclub zu einer Abendveranstaltung fahren. Die Fahrtzeit beträgt eine Stunde.
Wann muss der Fahrer unter Berücksichtigung der Lenk- und Ruhezeiten spätestens wieder zu Hause sein?

Frage 6 Nach einer elfstündigen Tagesruhezeit beginnt ein Omnibusfahrer seine Fahrt morgens um 00:15 Uhr. Er fährt 4,5 Stunden, legt eine Fahrtunterbrechung von 45 Minuten ein, um dann wieder 4,5 Stunden zu fahren. Wann darf dieser Fahrer eine weitere Fahrt beginnen?

1.2 AETR-Vorschriften und Sonderfall Schweiz

▶ In diesem Kapitel möchten wir Sie vor allem über die Rechtsunsicherheit, die es zurzeit bezüglich des Verkehrs in oder durch die Schweiz gibt, informieren.

Das AETR gilt für alle Mitglieder des Fahrpersonals, die einen Kraftomnibus führen oder darauf mitfahren, der in einem AETR-Mitgliedsstaat zugelassen ist und bei grenzüberschreitenden Beförderungen von EU-Mitgliedsstaaten in AETR-Drittländer, durch diese Länder oder zwischen diesen Ländern eingesetzt wird. Dies bedeutet, dass immer dann das AETR vor den EG-Sozialvorschriften gültig ist, wenn die Fahrt in oder durch ein Land geht, das nicht EU-Mitglied, dafür aber AETR-Mitglied ist.

Die **AETR-Mitgliedsstaaten** sind:

Alle EU-Mitgliedsstaaten	Kasachstan (KZ)	San Marino (RSM)
Albanien (AL)	Kroatien (HR)	Schweiz (CH)
Andorra (AND)	Mazedonien (MK)	Serbien (SRB)
Armenien (ARM)	Moldawien (MD)	Türkei (TR)
Aserbaidschan (AZ)	Montenegro (MNE)	Turkmenistan (TM)
Belarus/Weißrussland (BY)	Russische Föderation	Usbekistan (UZ)
Bosnien-Herzegowina (BIH)	(RUS)	

Änderungen zu den EG-Sozialvorschriften

Wenn Sie also in ein Land oder durch ein Land fahren, das AETR-Mitglied, nicht aber EU-Mitglied ist, gelten die AETR-Bestimmungen, die seit dem 11. April 2007 nicht mehr identisch mit den EG-Sozialvorschriften sind. Hier können Sie sich wieder an den alten EG-Sozialvorschriften orientieren, weil das AETR an diese Vorschriften angepasst war. Dies gilt solange, bis das AETR an die neuen EG-Sozialvorschriften angeglichen wird.

Eine Sonderstellung nimmt die Schweiz ein. Da die Schweiz nicht EU-Land ist, gilt grundsätzlich weiterhin das AETR. In den EG-Sozialvorschriften (EG) 561/2006 ist die Schweiz aber ausdrücklich als Land benannt, in dem auch die neue Vorschrift gültig ist, wenn auch vorerst nur für Fahrzeuge, die in einem EU-Staat zugelassen sind. Dies führt zu Unterschieden in der Kontrollpraxis in Europa. Einige Kontrollbehörden prüfen Fahrten, die auch durch die Schweiz gehen, nach dem AETR-Recht, andere Kontrolleure richten sich nach den EG-Sozialvorschriften (EG) 561/2006.

Der für viele Omnibusunternehmer bedeutendste Unterschied zwischen den EG-Sozialvorschriften und dem AETR, die Wochen-Ruhezeit nach längstens sechs Arbeitstagen, fiel mit der erwähnten Änderung zum 04.06.2010 weg und wurde durch eine neue 12-Tage-Regelung ersetzt. Insofern besteht diesbezüglich keine Notwendigkeit mehr, eine Reise in einem AETR-Land wie der Schweiz zu beginnen, um die 12-Tage-Regelung des AETR in Anspruch nehmen zu können.

Darüber hinaus hat die Schweiz verkündet, die EG-Sozialvorschriften zum 01.01.2011 zu übernehmen.

Achtung: Zum 20.09.2010 tritt eine Änderung des AETR-Abkommens in Kraft; in Sachen Lenk- und Ruhezeiten wird das AETR den EG-Sozialvorschriften angeglichen. Wann diese Änderung allerdings in deutsches Recht einfließt und „gültig" wird, war zu Redaktionsschluss nicht bekannt.

1.3 Arbeitszeitgesetz

▶ Dieses Kapitel beschreibt den Sinn des Arbeitszeitgesetzes und die Erweiterungen und Ergänzungen gegenüber den EG-Sozial- vorschriften.

Die für Fahrer in Beschäftigungsverhältnissen geltende Richtlinie Nr. 2002/15 EG wurde in Deutschland im neu hinzugekommenen § 21 a im Arbeitszeitgesetz umgesetzt. Diese Bestimmungen definieren, welche Zeiten

- Für Tätigkeiten im Straßenverkehr als Arbeitszeiten gelten
- Hiervon ausgenommen sind
- Als Pausen und als Ruhezeiten oder als Bereitschaftszeiten gelten

Ebenso erfasst sind

- Tägliche und wöchentliche Mindestruhezeiten
- Angemessene Ruhepausen
- Eine Höchstgrenze für die wöchentliche Arbeitszeit

Das Arbeitszeitgesetz ergänzt also in einigen Punkten die vorrangig geltenden EG-Sozialvorschriften.

Unterschiede bzw. Ergänzungen der EG-Sozialvorschriften durch das Arbeitszeitgesetz sind:

EG-Sozialvorschriften	Arbeitszeitgesetz
Regeln die Lenk- und Ruhezeiten	Definiert darüber hinaus die Gesamtarbeitszeit (also auch die Zeiten, die im Angestellten-Verhältnis mit anderen Tätigkeiten verbracht werden, z.B. Wartung und Pflege des Fahrzeuges, Be- und Entladen)

EG-Sozialvorschriften	Arbeitszeitgesetz
Gelten nicht für alle Arbeitnehmer, die im gewerblichen Güterverkehr unterwegs sind	Gilt für alle Fahrer in Beschäftigungsverhältnissen (also beispielsweise auch Fahrer im Linienverkehr unter 50 km Linienlänge und Aushilfsfahrer)

Inhalt des § 21 a (in Kraft seit 08. November 2006)

Abgrenzung des Begriffes „Arbeitszeiten":

Keine Arbeitszeiten im Sinne des ArbZG sind:

- Zeiten, während derer sich ein Fahrer bereithalten muss, um seine Tätigkeit aufzunehmen, unter der Voraussetzung, dass die Dauer dieser Bereitschaftszeit vorher bekannt ist. Hierzu zählen z. B. Wartezeiten an einer Grenze oder infolge von Fahrverboten. Diese Zeiten sind keine (täglichen oder wöchentlichen) Ruhezeiten und auch keine Ruhepausen (gelten also auch nicht als Fahrtunterbrechungen).
- Zeiten, die als zweiter Fahrer neben dem Fahrer oder in einer Schlafkabine während der Fahrt verbracht werden. Diese Zeiten sind keine (täglichen oder wöchentlichen) Ruhezeiten, gelten aber als Ruhepausen, also auch als Fahrtunterbrechungen.

Arbeitszeit der Arbeitnehmer

Die werktägliche Arbeitszeit der Arbeitnehmer darf acht Stunden nicht überschreiten. Sie kann auf bis zu zehn Stunden nur verlängert werden, wenn innerhalb von sechs Kalenderwochen oder innerhalb von 24 Wochen im Durchschnitt acht Stunden werktäglich (Montag bis Samstag) nicht überschritten werden.

Unterschied zwischen Arbeitszeitgesetz und EG-Sozialvorschriften bezüglich der täglichen Arbeits- bzw. Lenkzeit

| 10 Stunden | maximale tägliche Arbeitszeit laut Arbeitszeitgesetz |

| 10 Stunden | maximale Lenkzeit zwischen zwei (täglichen oder wöchentlichen) Ruhezeiten laut EG/561/2006 |

| 8 Stunden | durchschnittliche werktägliche Arbeitszeit innerhalb von sechs Kalendermonaten oder 24 Wochen laut Arbeitszeitgesetz |

| 9 Stunden | durchschnittliche Lenkzeit zwischen zwei (täglichen oder wöchentlichen) Ruhezeiten laut EG/561/2006 |

Beide Verordnungen widersprechen sich nicht, die Lenkzeit nach EG-Richtlinie kann auch nach dem Arbeitszeitgesetz voll ausgeschöpft werden.

Wöchentliche Arbeitszeit

Die wöchentliche Arbeitszeit für Beschäftigte im Transportgewerbe darf 48 Stunden nicht überschreiten. Sie kann auf bis zu 60 Stunden verlängert werden, wenn innerhalb von vier Kalendermonaten oder 16 Wochen im Durchschnitt 48 Stunden wöchentlich nicht überschritten werden.
Die europäischen Sozialvorschriften 561/2006/EG haben Vorrang vor nationalen Vorschriften, also auch vor dem Arbeitszeitgesetz. Beide Vorschriften widersprechen sich auch diesbezüglich nicht, wie die nachfolgende Aufstellung veranschaulicht.

Unterschied zwischen Arbeitszeitgesetz und EG-Sozialvorschriften bezüglich der wöchentlichen Arbeits- bzw. Lenkzeit

| 60 Stunden | maximale Arbeitszeit pro Woche laut Arbeitszeitgesetz |

| 56 Stunden | maximale Lenkzeit pro Woche laut EG/561/2006 |

| 48 Stunden | durchschnittliche Arbeitszeit pro Woche innerhalb von vier Kalendermonaten oder 16 Wochen laut Arbeitszeitgesetz |

| 45 Stunden | durchschnittliche Lenkzeit pro Woche innerhalb einer Doppelwoche |

Wenn die maximale wöchentliche Lenkzeit von 56 Stunden (nach EG-Sozialvorschrift) aufgebraucht ist, dürfen noch maximal vier Stunden anderer Arbeiten, z. B. Be- und Entladen oder Pflege des Fahrzeugs, geleistet werden.

Ruhepausen

Bei einer Arbeitszeit von mehr als sechs bis zu neun Stunden muss eine im Voraus feststehende Ruhepause von mindestens 30 Minuten, bei einer Arbeitszeit von mehr als neun Stunden von mindestens 45 Minuten eingelegt werden.

Arbeitszeit 6 h	Ruhepause mind. 30 min	Arbeitszeit max. 3 h

Arbeitszeit 6 h	Ruhepause mind. 45 min	Arbeitszeit mehr als 3 h, max. 4 h

Die EG-Verordnung hat Vorrang vor dem Arbeitszeitgesetz! Wird bei gemischter Tätigkeit (also Lenken und andere Tätigkeiten) eine Lenkzeit von 4,5 Stunden erreicht, bevor die Gesamtarbeitszeit von sechs Stunden erreicht wird, muss immer eine Fahrtunterbrechung von mindestens 45 Minuten eingelegt werden.

Verpflichtung von Arbeitgeber und Arbeitnehmer über die Aufzeichnung von Arbeitszeiten

In § 21 a des Arbeitszeitgesetzes wird die Gesamtarbeitszeit eines Angestellten definiert. Das Arbeitszeitgesetz schließt damit die Lücke für so genannte Aushilfsfahrer, die von montags bis freitags einer anderen Tätigkeit nachgegangen sind und am Wochenende ohne wöchentliche Ruhezeit ein Fahrzeug, das im Geltungsbereich der EG-Sozialvorschriften lag, gelenkt haben. Dabei gelten alle Personen als „Beschäftigte", die eine Fahrt im Auftrag eines Unternehmers durchführen, auch wenn sie dort nicht fest angestellt sind.

Praxisfragen

Frage 1 Ein Kfz-Mechaniker arbeitet von Montag bis Freitag in der Werkstatt jeden Tag acht Stunden. Am Wochenende ist er für einen Omnibusunternehmer als Aushilfsfahrer tätig. Was ist bei der Disposition der Fahrt zu beachten?

Frage 2 Eine Omnibusfahrerin fährt 30 Minuten bis zum Treffpunkt mit den ersten Fahrgästen. Das Laden des Gepäcks inkl. der Wartezeit dauert eine Stunde. Nach einer weiteren Fahrstunde benötigt sie wiederum eine Stunde für das Beladen des Gepäcks am zweiten Treffpunkt. Wie lange darf sie den Bus anschließend noch lenken, bis sie eine Fahrtunterbrechung von mindestens 45 Minuten einlegen muss?

1.4 Besonderheiten im Linienverkehr
(optional)

▶ Die hier beschriebenen Bestimmungen sind für Sie interessant,
wenn Sie im Linieneinsatz unterwegs sind. Andernfalls können
Sie dieses Kapitel überspringen.

Fahrtunterbrechungen

1. Der durchschnittliche Haltestellenabstand beträgt mehr als drei
Kilometer. Dann muss nach einer Lenkzeit von maximal viereinhalb
Stunden eine Unterbrechung von mindestens 30 Minuten eingelegt
werden. Diese Unterbrechung kann aufgeteilt werden: entweder
durch zwei Unterbrechungen von jeweils mindestens 20 Minuten
oder durch drei Unterbrechungen von mindestens 15 Minuten. Diese
Teilunterbrechungen müssen innerhalb der viereinhalbstündigen
Lenkzeit oder teils innerhalb dieser Zeit und teils unmittelbar danach
liegen.

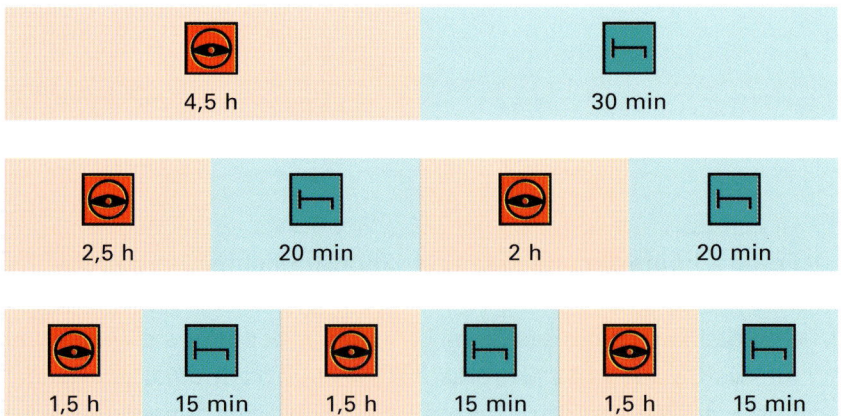

2. Der durchschnittliche Haltestellenabstand beträgt weniger als
drei Kilometer. Dann sind als Fahrtunterbrechungen die Arbeitsun-
terbrechungen ausreichend, die nach den Dienst- und Fahrplänen in
der Arbeitsschicht enthalten sind. Voraussetzung hierfür ist, dass die

Abbildung 5:
Linienbus
Quelle: Daimler AG

Gesamtdauer der Unterbrechungen mindestens ein Sechstel der vorgesehenen Lenkzeit beträgt. Die Arbeitsunterbrechung muss mindestens zehn Minuten betragen, kann aber durch Tarifverträge auf acht Minuten verkürzt werden.

Beispiel:

Jeweilige Lenkzeit zwischen zwei Endhaltestellen: 60 Minuten.
Jeweilige Unterbrechung an der Endhaltestelle: zwölf Minuten.

Nach einer Lenkzeit von viereinhalb Stunden kann also weiterge-fahren werden, da der Linienverkehr ja von der EG-Verordnung aus-genommen ist. Allerdings muss nach einer Arbeitszeit von sechs Stunden eine Ruhepause von mindestens 30 bzw. 45 Minuten einge-legt werden (siehe Kapitel 1.3, Arbeitszeitgesetz).

Wöchentliche Ruhezeit

Fahrer von Fahrzeugen im Linieneinsatz unter 50 km Linienlänge
sind nicht zur Einlegung einer wöchentlichen Ruhezeit nach höchstens sechs 24-Stunden-Zeiträumen verpflichtet. Sie können die wöchentlich einzuhaltenden Ruhezeiten auf einen Zweiwochenzeitraum
verteilen, zum Beispiel:
Wochenruhezeit 1. Woche: verkürzt auf 24 h (es fehlen 21 h)
Wochenruhezeit 2. Woche: 24 Stunden + 45 Stunden
Die Ausgleichszeit muss spätestens vor dem Ende der dritten Woche, die auf die Woche mit der verkürzten Ruhezeit folgt, genommen
werden.

Aufzeichnungs- und Mitführpflicht

Fahrten im Linienverkehr mit einer Linienlänge unter 50 km sind von
der Benutzungspflicht des EG-Tachografen ausgenommen. Die Fahrerkarte muss nicht benutzt werden.
Wird ein Fahrzeug freiwillig mit einem digitalen Kontrollgerät im Linieneinsatz betrieben, muss die Fahrerkarte nicht gesteckt werden,
da das Gerät in diesem Fall nur die fahrzeugbezogenen, nicht die
fahrerbezogenen Daten aufzeichnen muss. Der Fahrer im Linienverkehr muss also folgende Unterlagen während der Fahrt mitführen:

- Führerschein
- Personalausweis, Pass oder ein Ausweis- oder Passersatz
- Linienplan, allgemeine Beförderungsbedingungen, Fahrpreis-
  liste

Der Unternehmer muss einen persönlichen Dienstplan führen und
den Massenspeicher des digitalen Kontrollgeräts alle 3 Monate aus-
lesen.

1.5 Das Kontrollgerät

▶ Sie sollen den digitalen Tacho bedienen können

Ausrüstungspflicht

Die Pflicht zur Ausrüstung von neu zugelassenen Fahrzeugen er-
folgte am 01. Mai 2006. Betroffen sind Fahrzeuge

- zur Güterbeförderung einschließlich Anhänger von mehr als
  3,5 t zGM sowie
- zur Personenbeförderung mit mehr als acht Fahrgastplätzen

Ausgenommen von der Ausrüstungspflicht sind Omnibusse, die zur
Personenbeförderung im Linienverkehr eingesetzt werden, wenn die
Linienstrecke nicht mehr als 50 km beträgt. Diese Fahrzeuge können
mit einem digitalen Kontrollgerät ausgestattet sein.

Nachrüstungspflicht

Eine Nachrüstpflicht besteht für Omnibusse mit mehr als 10 t zGM,
die nach dem 01. Januar 1996 zugelassen wurden, wenn die Regis-
triereinheit und der Geschwindigkeitsgeber gemeinsam getauscht
werden müssen.

Gültigkeit in anderen Staaten

Die Ausrüstungspflicht gilt in allen EU-Staaten, in den EWR-Staaten
und der Schweiz. Seit dem 16.06.2010 sind Neuzulassungen in den
AETR-Staaten ebenfalls nur noch mit digitalem Kontrollgerät möglich.

Die **Hauptbauteile** des Systems sind:

Abbildung 6:
Bestandteile des
DTCO-Systems
Quelle: Siemens

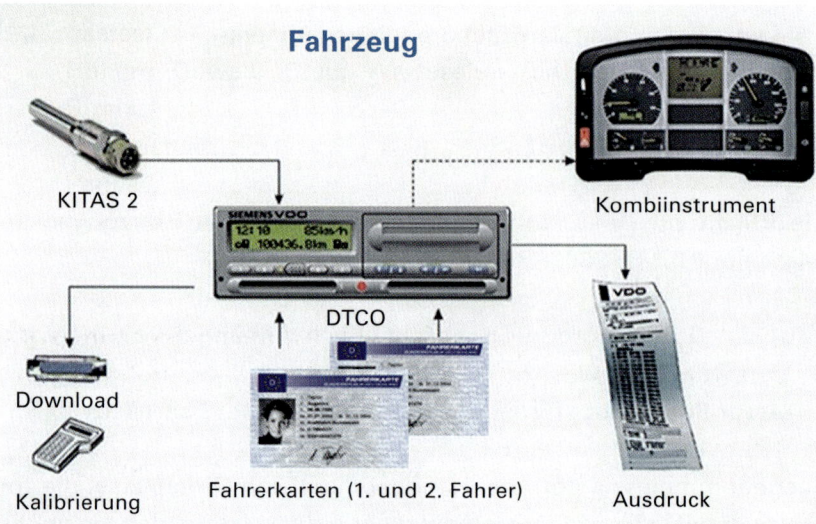

Änderungen gegenüber den bisherigen analogen Kontrollgeräten

Grundsätzlich gilt, dass Sie als Fahrer durch die Einführung des digitalen Kontrollgerätes keine anderen oder zusätzlichen Pflichten haben. Lediglich die Handhabung der Aufzeichnung ändert sich. Da die neuen Geräte die Daten sehr exakt erfassen und bei Kontrollen leichter ausgewertet werden können, ist eine sorgfältige Bedienung unbedingt erforderlich!

Bei den digitalen Kontrollgeräten werden die Informationen über Lenk- und Ruhezeiten nicht wie bei analogen Geräten auf einem Schaublatt aufgezeichnet, sondern im so genannten Massenspeicher des Gerätes und auf der Fahrerkarte festgehalten.

Die gespeicherten Daten können auf einem Display angesehen, über einen Drucker ausgedruckt und/oder auf einen PC heruntergeladen werden.

Alle digitalen Kontrollgeräte sind mit zwei Kartensteckplätzen (für den ersten und den zweiten Fahrer) ausgestattet. Wie bei analogen Geräten müssen die Karten getauscht werden, wenn der erste und der zweite Fahrer die Plätze tauschen.

Das Kontrollgerät

Zurzeit sind in der EU Geräte der Hersteller VDO (DTCO), Actia (Smartach), Stoneridge und EFKON (EFAS) zugelassen.

Das nachfolgende Bild zeigt den DTCO von Siemens VDO (jetzt: VDO). Die Bedienungsmöglichkeiten der anderen Geräte sind ähnlich. Für genaue Informationen ziehen Sie bitte bei allen Geräten die Bedienungsanleitung des Herstellers heran.

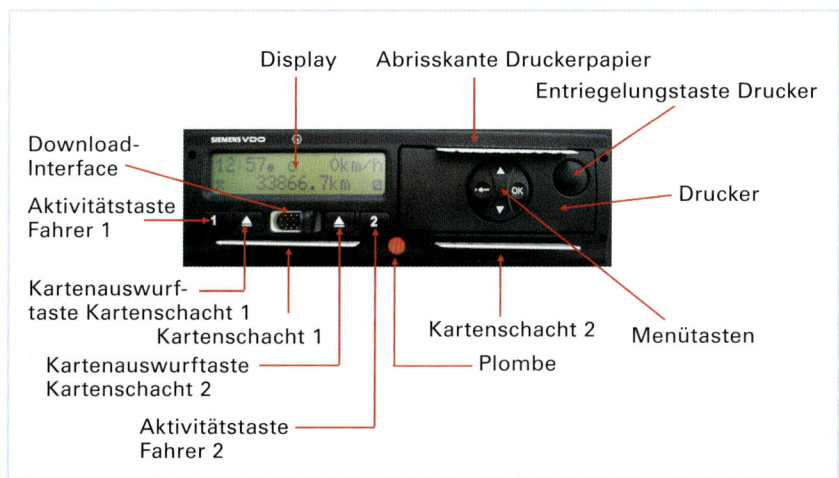

Display   Abrisskante Druckerpapier
                              Entriegelungstaste Drucker
Download-
Interface
                                                    Drucker
Aktivitätstaste
Fahrer 1
Kartenauswurf-
taste Kartenschacht 1
        Kartenschacht 1   Kartenschacht 2   Menütasten
    Kartenauswurftaste   Plombe
    Kartenschacht 2
        Aktivitätstaste
        Fahrer 2

Abbildung 7:
Digitales
Kontrollgerät
Quelle: Frank Lenz

Karten

Es gibt vier verschiedene Karten mit unterschiedlicher Funktionalität: Fahrerkarte (weiß), Unternehmenskarte (gelb), Werkstattkarte (rot) und Kontrollkarte (blau).

Abbildungen 8–11:
Fahrerkarte,
Unternehmenskarte,
Werkstattkarte,
Kontrollkarte
Quelle: KBA

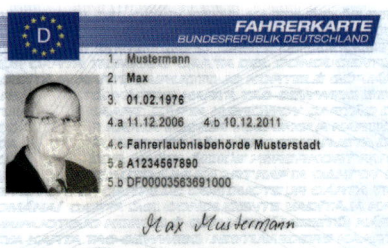

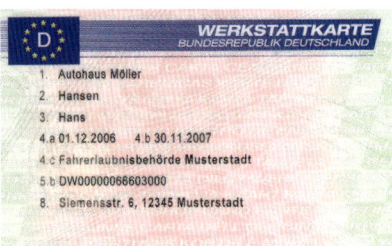

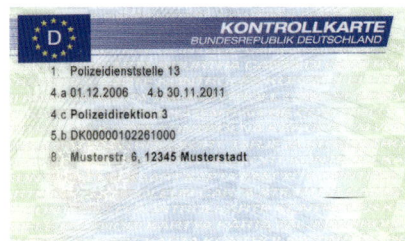

Wer speichert was?

Alle Daten, die das digitale Kontrollgerät aufnimmt, werden im Gerät selbst (im so genannten Massenspeicher) und auf den eingesteckten Karten gespeichert.

Im **Geräte-(Massen-)speicher** des digitalen Kontrollgerätes werden u.a. folgende Daten mindestens 365 Tage festgehalten:

- Geräte- und Fahrzeugkenndaten
- Werkstattdaten (Kalibrierung)
- Fahrerdaten (Name, Vorname, Kartennummer, Einsteck- und Entnahmedaten)
- Tätigkeiten (Lenken, Bereitschaft, Arbeit, Unterbrechung/Ruhe)
- Kilometerstände
- Geschwindigkeitsdaten sekundengenau über die letzten 24 Stunden, in denen sich das Fahrzeug bewegt hat
- Besondere Ereignisse (z.B. Kartenkonflikte, Fahren ohne Karte, Geschwindigkeitsüberschreitung des Geschwindigkeitsbegrenzers, Unterbrechung der Stromversorgung)
- Kontrollaktivitäten (Datum und Uhrzeit, Kontrollkartennummer, Art der Kontrolle)

Der Massenspeicher muss spätestens alle drei Monate vom Unternehmer ausgelesen werden.

Die **Fahrerkarte** müssen Sie als Fahrer bei Arbeitsbeginn in das Kontrollgerät einführen. Alle während der Betriebszeit mit dieser Karte anfallenden Daten werden unter Ihrer Identität abgespeichert. Neben den festen Daten (Kartenkennung, Daten des Inhabers) speichert die Fahrerkarte folgende Informationen von mindestens 28 Tagen, an denen die Karte benutzt wurde:

- Benutzte Fahrzeuge mit Datum und Uhrzeit vom ersten Stecken bis zum letzten Ziehen
- Kilometerstand bei Beginn und Ende der Benutzung
- Datum und gefahrene Kilometer an jedem Fahr-Tag
- Identifizierungsnummer der benutzten Fahrzeuge
- Alle eingestellten Aktivitäten

Sie sind verpflichtet, Ihre Karte nach längstens 28 Tagen den Unternehmen, für die Sie gefahren sind, zur Archivierung der Daten zur Verfügung stellen.

Die Karte ist 5 Jahre gültig.

Defekt oder Verlust der Fahrerkarte

Ist Ihre Fahrerkarte defekt, verloren oder gestohlen, müssen Sie

- Umgehend eine neue beantragen
- Vor und nach der Fahrt einen Ausdruck erstellen
- In den Ausdruck vor der Fahrt Ihren Namen, Vornamen und die Nummer Ihrer Fahrerkarte oder Ihres Führerscheins eintragen
- Ruhe- und Bereitschaftszeiten sowie Zeiten von anderen Arbeiten, die vor Beginn der Fahrt angefallen sind, eintragen (Damit dokumentieren Sie den Beginn der Fahrt bzw. das Ende der vorangegangenen Ruhezeit)
- Den Ausdruck am Ende der Fahrt um die Tätigkeiten ergänzen, die das Kontrollgerät nicht erfasst hat, sowie ebenfalls um Namen, Vornamen und Nummer der Fahrerkarte oder des Führerscheins

Sie dürfen Ihre Fahrt ohne Fahrerkarte höchstens 15 Kalendertage fortsetzen bzw. während eines längeren Zeitraums, wenn dies für die Rückkehr des Fahrzeugs zu dem Standort des Unternehmens erforderlich ist. Dann müssen Sie nachweisen können, dass es unmöglich war, die Fahrerkarte während dieses Zeitraums vorzulegen oder zu benutzen.

Bedienung des Gerätes

Die wichtigsten Schritte werden nachfolgend beschrieben.

- Karte einstecken (Der Fahrer benutzt den linken, der Beifahrer den rechten Schacht). Achtung: Der Speicherchip auf der Unterseite der Karte muss nach oben!
  Im Display erscheint die Uhrzeit in Ortszeit (links) und in der so genannten UTC-Zeit (UTC = Universal Time Coordinated). Es handelt sich um die weltweit gültige Standard-Uhrzeit, die nicht auf Sommer- oder Winterzeit umgestellt wird. Alle Zeitangaben auf den Ausdrucken sind in UTC-Zeit angegeben. Der Unterschied zwischen der deutschen Uhrzeit und der UTC-Zeit beträgt im Winter eine Stunde, im Sommer sind es zwei Stunden. Beispiel: 15:00 Uhr UTC = 16:00 Uhr Ortszeit im Winter in Deutschland und 17:00 Uhr im Sommer in Deutschland.
- Im Display erscheint die Meldung *„Eingabe Nachtrag?"*. Falls Sie vor dem Einstecken der Karte andere Arbeiten verrichtet haben oder eine Ruhezeit dokumentieren wollen, müssen Sie diese Angaben jetzt eingeben. Andere Arbeiten sind z. B. Wegezeiten zum Standort des Fahrzeugs (außer Fahrten von zu Hause zum Firmensitz) oder vorangegangene Arbeiten am Fahrzeug. Diese Nachträge müssen in UTC-Zeit eingegeben werden.
  Angezeigt wird „Schichtende?" und das Datum und die Uhrzeit der letzten Entnahme.
  Sie können hier wählen, ob Sie Arbeitszeiten (AZ) an die letzte Schicht anhängen oder der jetzigen Schicht voranstellen wollen.
  – AZ oder RZ an die letzte Schicht anhängen: „Nein" wählen.
    Jetzt das Ende, die Art und den Ort der Aktivität einstellen,

die der letzten Entnahme angehängt werden soll. Mehrfach-nennungen möglich. Ruhezeiten können bei vielen Tacho-graphen nur bis 24:00 Uhr des jeweiligen Tages angehängt werden.

– AZ oder RZ der jetzigen Schicht voranstellen: „Ja" wählen. Beginn, Ende, Art und Ort der vorangestellten Aktivität wäh-len. Mehrfachnennungen möglich. Ruhezeiten können bei vielen Tachographen nur ab 0:00 Uhr des jeweiligen Tages angehängt werden.

■ Als nächstes erscheint im Display die Frage nach dem Land, in dem die Fahrt begonnen wird. Das zuletzt eingestellte Land blinkt. Diese Anzeige kann mit *„ok"* bestätigt oder ein anderes Land über die Menütasten angewählt werden.

■ Die aktuellen Lenk- und Ruhezeiten können über die Menütas-ten abgefragt werden. Die Anzeigen bedeuten:

1:    Lenkzeit des Fahrers seit der letzten Unterbrechung von mindestens 45 Minuten

2:    Bereitschaftszeit des zweiten Fahrers

     Gültige Unterbrechung. Eine Unterbrechung von we-niger als 15 Minuten zählt nicht!

1   und   :   Lenkzeit in der Doppelwoche

     Sonstige Arbeitszeit

Weitere Details zur nachträglichen Eingabe von Arbeitszeiten und den Anzeigen entnehmen Sie bitte den Bedienungsanleitungen der Her-steller.

PRAXIS-TIPP

Der digitale Tachograf schreibt automatisch „Lenken", so-
bald sich das Fahrzeug bewegt. **Achtung:** Bei Stillstand des
Fahrzeuges springt das Kontrollgerät immer auf die Tätigkeit
„Arbeitszeit". Wenn Sie eine Fahrtunterbrechung oder eine
Ruhezeit einlegen wollen, muss die Tätigkeit immer manuell
umgestellt werden! Vergessen Sie dies und fahren nach der
nicht registrierten Ruhezeit weiter, begehen Sie einen Verstoß
gegen die Lenk- und Ruhezeiten und riskieren ein Bußgeld!
Neuere Geräte können so eingestellt werden, dass sie bei
„Zündung aus" automatisch auf Ruhezeit schalten. Sie müssen stets darauf achten, dass die richtige Tätigkeit eingestellt
ist, sonst drohen erhebliche Bußgelder!

Zum Auswerfen der Karte wird die Auswurftaste betätigt. Im Display
erscheint „Ende Land?". Das zuletzt eingestellte Land blinkt. Mit
„ok" bestätigen oder ein an-
deres Land wählen. Als nächstes bietet der Tacho an, den
Tageswert (also die Aktivitäten
des Tages) auszudrucken.

Ausdrucke

Wer sich zum ersten Mal einen Tagesausdruck anschaut, erschrickt über die vielen, zunächst unverständlichen Informationen. Jeder Fahrer sollte sich dennoch mit dem Ausdruck beschäftigen, um zu wissen, was über ihn gespeichert ist bzw. ausgedruckt werden kann.

```
SIEMENS VDO
 A u t o m o t i v e
▼ 03.08.2010 18:09 (UTC)
------------▼-----------
24h▣▼
---------o-----------
o Eickholt
  Josef
o▣D /DF000138968060 0 0
  15.04.2015
-----------⒜-----------
⒜ TEST0100000000001
  D /TE ST 1
-----------⒝-----------
⒝ Siemens AG
  SV
  1381.2070000051
-----------T-----------
T Kienzle Automotive Gmb
  H
T▣D / Ⱳ 0 0 1 0 1 0   2
T 31.03.2010
-----------⒝-----------
-----------o-----------
     03.08.2010   14
-----------1-----------
⒜ D /TE ST 1
      8 154 km
h 00:00 04:11 04h11      *
⚡ 04:11 04:13 00h02
o 04:13 07:45 03h32
⚡ 07:45 07:48 00h03
▨ 07:48 10:06 02h18
⚡ 10:06 10:19 00h13
o 10:19 11:08 00h49
h 11:08 13:30 02h22      *
⚡ 13:30 14:35 01h05
o 14:35 18:06 03h31
⚡ 18:06 18:09 00h03
      8 808 km;    654 km
-----------------------
? 18:09
-----------Σ-----------
▶◆18:09 D
      8 808 km
 o 07h52    654 km
 ⚡ 01h26 ▨ 02h18
 h 06h33 ? 00h00
oo 00h00
```

Kopfzeile: Datum des Ausdruckes (UTC-Zeit)

Art des Ausdruckes, hier Tagesausdruck Fahrerkarte

Karteninhaber: Name, Vorname, Kartenkennung, -nummer; Gültigkeit

Fahrzeugkennung: VIN, Zulassungsland, Kennzeichen

Tachografenkennung: Hersteller, Seriennummer

Letzte Kalibrierung des Gerätes: Werkstatt, Kennung, Datum

Eventuelle Kontrollen

Tagesaktivitäten: Angezeigt werden die Aktivitäten ab 00:00 Uhr.

Entnahme Fahrerkarte

Anschließend folgt die Summierung der Aktivitäten und der Wegstrecken.

Handschriftliche Angaben (folgen)

Abbildung 12:
Ausdruck des digitalen Kontrollgeräts
Quelle: Josef Eickholt

Kontrollen

Neben den Lenk- und Ruhezeiten sind auch die Zahl und die Art der Kontrollen mit der Richtlinie 2006/22/EG gesetzlich geregelt. So wurde die Zahl der zu prüfenden Fahrtage ab 01. Januar 2008 von 1 % auf 2 % angehoben, seit 01.01.2010 sind es 3 % der Fahrtage (davon 50 % auf der Straße und 50 % im Betrieb). Bei 200 Fahrtagen im Jahr werden Sie also durchschnittlich dreimal im Jahr auf der Straße kontrolliert.

Bei einer Kontrolle kann die Weiterfahrt versagt werden, wenn Verstöße gegen die Lenk- und Ruhezeiten festgestellt werden. Die Karte darf nur in folgenden Fällen eingezogen werden:

- Wenn die Karte gefälscht wurde
- Wenn der Fahrer eine Karte verwendet, die ihm nicht gehört
- Wenn die Ausstellung der Karte auf unwahren Angaben des Antragsstellers oder gefälschten Dokumenten beruhte

Ordnungswidrigkeiten

Vom Unternehmer oder Fahrzeughalter vorsätzlich oder fahrlässig begangene Ordnungswidrigkeiten können mit einer Geldbuße von bis zu 15.000 € und vom Fahrpersonal begangene Ordnungswidrigkeiten mit einer Geldbuße von bis zu 5.000 € geahndet werden.

Warnmeldungen

Bei bestimmten Ereignissen, z. B. Überschreiten der Höchstgeschwindigkeit oder der Lenkzeit, erscheint eine entsprechende Warnmeldung auf dem Display des Kontrollgerätes. Diese Meldung muss der Fahrer mit der Menütaste bestätigen, bevor der Tacho weitere Eingaben zulässt. Achtung: Durch die Warnmeldungen werden Sie als Fahrer auf Ihr Fehlverhalten hingewiesen. Weitere Verstöße können als „vorsätzlich" beurteilt werden.

Besondere Einsatzbedingungen ohne Benutzungspflicht

Bestimmte Einsätze fallen nicht unter die Benutzungspflicht des Tachografen. Hierzu zählen Probefahrten im Rahmen von Reparatur-

oder Wartungsarbeiten sowie Fahrten im Linienverkehr mit einer Linienlänge unter 50 km. In diesen Fällen soll die Fahrerkarte nicht benutzt werden. Bitte stellen Sie den Tachograf auf die Betriebsart „Out of scope" (s. Bedienungsanleitung des Gerätes). Die Benutzung einer Fahrerkarte stellt den Tachografen automatisch wieder in den normalen Betrieb zurück.

Um bei einer Kontrolle nachzuweisen, dass fehlende Aufzeichnungen durch einen Werkstattaufenthalt begründet sind, sollten Sie eine Kopie des Werkstattauftrages mitführen.

Der digitale Tachograf kann zwischen Gelegenheits- und Linienverkehr nicht unterscheiden. Wird im Linienverkehr die Fahrerkarte gesteckt und keine Pausen nach EG-Sozialvorschrift (45 Minuten) eingehalten, so sind diese „Verstöße" auf der Fahrerkarte gespeichert und werden bei Kontrollen entsprechend geahndet. Deshalb soll im Linienverkehr die Fahrerkarte nicht gesteckt werden.

Mitführpflicht

Seit 01. Mai 2006 gilt, dass Sie folgende Dokumente mitführen und auf Verlangen vorzeigen müssen:

- Die Schaublätter (sofern Sie ein Fahrzeug mit „altem" Tachografen gelenkt haben)
- Und/oder handschriftliche Aufzeichnungen
- Und/oder Ausdrucke für den laufenden Tag und die vorausgehenden 28 Tage (seit 1. Januar 2008)

Fuhren oder fahren Sie ein Fahrzeug mit einem digitalen Tachografen, müssen Sie natürlich auch Ihre **Fahrerkarte** mitführen und gegebenenfalls vorzeigen.

Zusätzlich zu diesen Aufzeichnungen müssen im Fahrzeug Papierrollen für den Drucker als Ersatz mitgeführt werden. Eine bestimmte Anzahl an Ersatzpapier ist nirgends genannt. Auf der sicheren Seite ist jeder Fahrer, der eine vollständige Packung, bestückt mit drei Ersatzrollen, dabei hat.

Gemischter Betrieb mit Fahrzeugen mit analogen und digitalen Tachografen

Wie erwähnt müssen Sie, wenn Sie sowohl Fahrzeuge mit digitalen als auch analogen Tachografen fahren, neben Ihrer Fahrerkarte auch die Schaublätter für die Fahrten mit analogen Geräten sowie ggf. handschriftliche Aufzeichnungen und Ausdrucke mitführen. Tagesausdrucke der Fahrten mit den digitalen Geräten sind nicht erforderlich, wenn die Fahrten auf der Fahrerkarte festgehalten sind.

Freibescheinigungen, Nachweis anderer Tätigkeiten

Zusätzlich müssen Sie bei Kontrollen auch Aufzeichnungen über Ruhezeiten, andere Arbeitszeiten und Bereitschaftszeiten und in Deutschland auch über andere Tätigkeiten wie zum Beispiel Büro- und Werkstattarbeiten, vorlegen. Die EU hat hierzu ein Formblatt entwickelt, mit dem alle Tätigkeiten und Ruhezeiten nachgewiesen werden können. Dieses Formblatt darf nicht handschriftlich ausgefüllt werden. Die EU-Sozialvorschriften verlangen einen lückenlosen Nachweis der letzten 28 Tage (seit 01.01.2008). Deshalb ist peinlich genau darauf zu achten, dass wirklich alle Zeiträume der vorangegangenen 28 Tage erfasst sind.

Ist der geforderte Nachweis lückenhaft, kann es zu Bußgeldverfahren kommen und sogar die Weiterfahrt untersagt werden.

- Die Beschäftigten sollen so durch eine Höchstgrenze der Arbeitszeit und durch Mindestruhezeiten geschützt werden.
- Allerdings können sich aus dieser Forderung zusätzliche Arbeiten in nicht unerheblichem Umfang – zum Beispiel für Aushilfsfahrer – ergeben. Ein Fahrer, der innerhalb der letzten 4 Wochen einer Bürotätigkeit nachgekommen ist, muss diese Arbeit entweder manuell in das digitale Kontrollgerät eingeben oder (und einfacher) mit dem EU-Formblatt nachweisen. Dabei muss unterschieden werden zwischen Arbeits- und Ruhezeiten. Für die vergangenen 4 Wochen müssen also mehrere Formblätter ausgefüllt werden, die zwischen den Arbeits- und den Ruhetagen unterscheiden.

Gerätestörungen

Bei einer Störung des Gerätes muss es der Unternehmer reparieren lassen, sobald die Umstände dies zulassen. Wenn sich die Störung während einer Fahrt ereignet, die mehr als eine Woche dauert (gerechnet vom Eintreten der Störung bis zur Rückkehr zum Sitz des Unternehmens), haben Sie als Fahrer das Gerät unterwegs reparieren zu lassen.

Während der Betriebsstörung müssen Sie

- Die Lenk-, Arbeits- und Ruhezeiten sowie die Fahrtunterbrechungen auf der Rückseite der Papierrolle notieren
- Vor und nach der Fahrt einen Ausdruck ausfüllen
- In den Ausdruck vor der Fahrt Namen, Vornamen und Nummer Ihrer Fahrerkarte/Ihres Führerscheins sowie die Ruhe-, Bereitschafts- und Zeiten von anderen Arbeiten, die vor Beginn der Fahrt angefallen sind, eintragen
- Der Ausdruck am Ende der Fahrt um die Tätigkeiten ergänzen, die das Kontrollgerät nicht erfasst hat (bei einem Defekt des Gerätes also alle Tätigkeiten), sowie ebenfalls Namen, Vornamen und Nummer der Fahrerkarte/des Führerscheins

Praxisfragen

Frage 1 Was muss der Fahrer unbedingt bezüglich der Bedienung des digitalen Kontrollgerätes beachten, wenn er eine Fahrtunterbrechung oder eine Ruhezeit beginnt?

Frage 2 Ein Omnibusfahrer beginnt seine Arbeit Montagmorgen mit einer einstündigen Vorbereitung (Abfahrtskontrolle, Beladen des Fahrzeuges mit Getränken usw.). Bevor er losfährt, steckt er seine Fahrerkarte in das digitale Kontrollgerät. Was muss er beachten?

Frage 3 Auf dem Display eines digitalen Kontrollgerätes sind folgende Informationen während der Fahrt abzulesen:

1 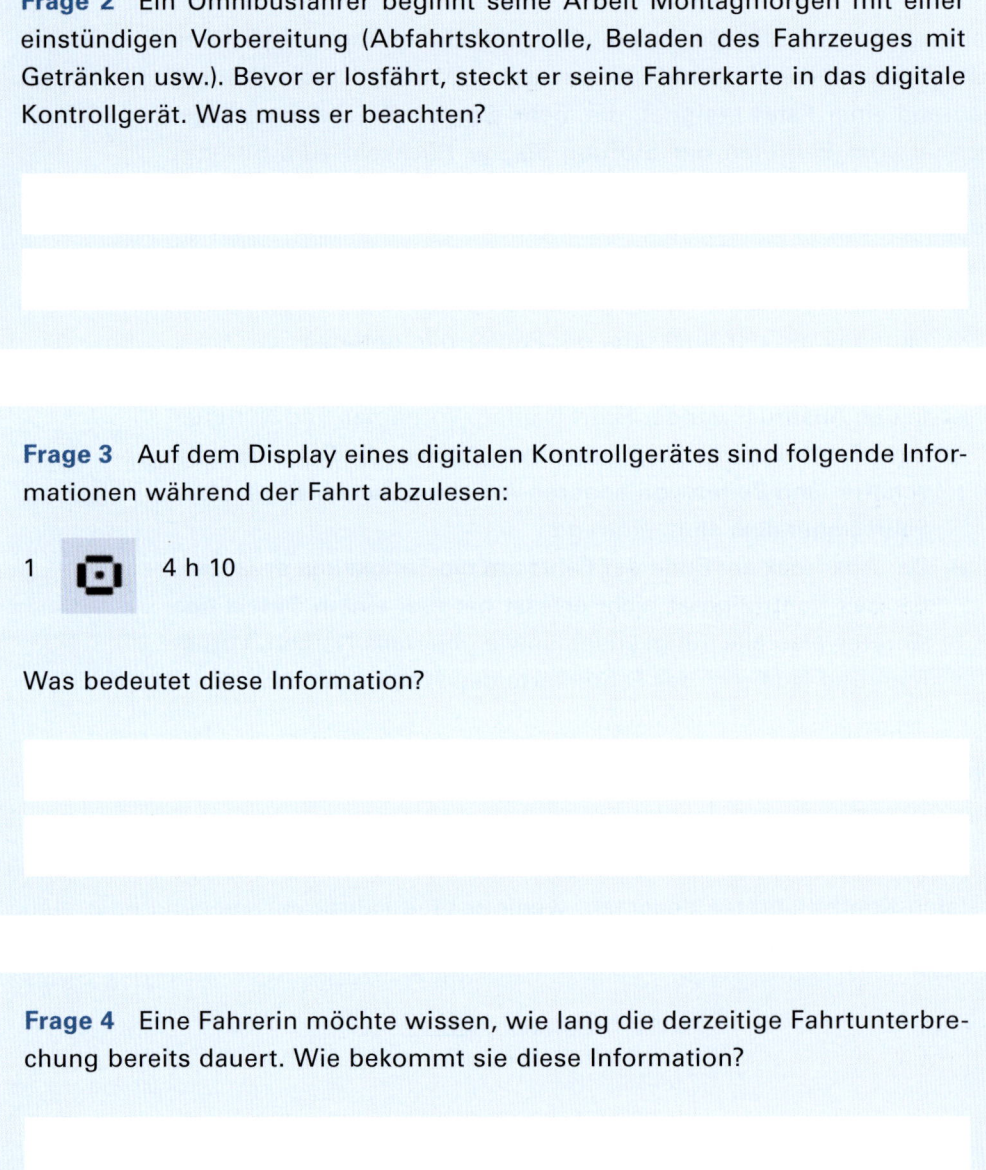 4 h 10

Was bedeutet diese Information?

Frage 4 Eine Fahrerin möchte wissen, wie lang die derzeitige Fahrtunterbrechung bereits dauert. Wie bekommt sie diese Information?

Frage 5   Nach einer Fahrtunterbrechung von 45 Minuten, der 4 Stunden Lenkzeit vorausgegangen sind, zeigt das digitale Kontrollgerät nach 15 Minuten
folgende Meldung:

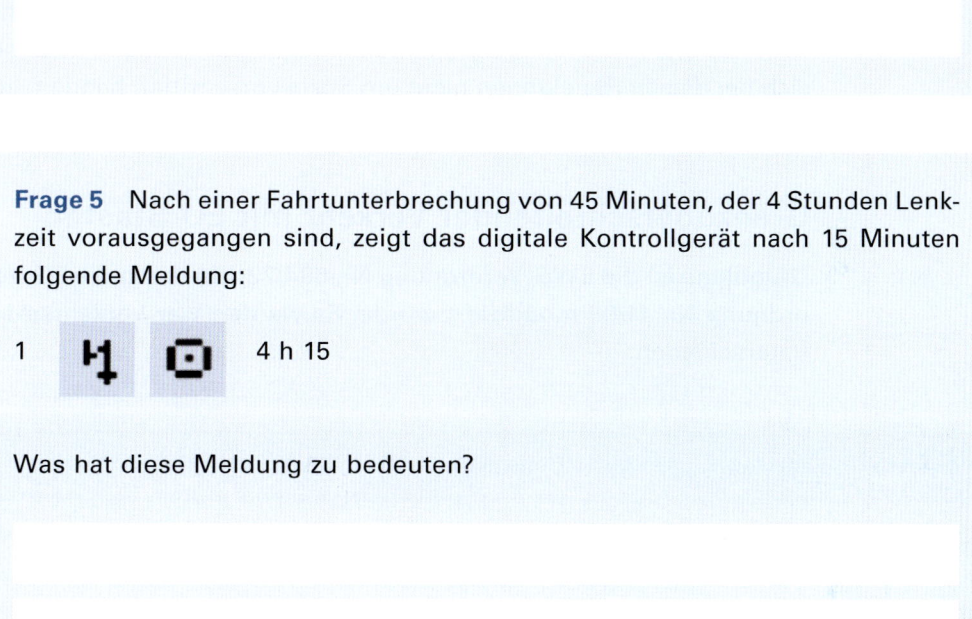

1   4 h 15

Was hat diese Meldung zu bedeuten?

Frage 6   Ein Omnibusfahrer fährt mit einem Reisebus, der mit einem digitalen
Tachografen ausgerüstet ist, auf eine fünfwöchige Tour durch Europa. Was
muss er bezüglich der Archivierungspflicht der Daten auf der Fahrerkarte beachten?

1.6 Grenzüberschreitender Verkehr (optional)

> ▶ Sie sollen über die Vorschriften und Mitführpflichten zum grenzüberschreitenden Personenverkehr informiert werden

Grundsätzlich ist der grenzüberschreitende Verkehr für Unternehmen mit Sitz im In- und Ausland genehmigungspflichtig. Obwohl es sich bei diesen Regelungen nicht um Sozialvorschriften handelt, soll an dieser Stelle kurz auf sie eingegangen werden.

Grenzüberschreitender Verkehr mit EU-Staaten

Grundlage ist die EWG-Verordnung Nr. 684/92, die durch die EG-Verordnung Nr. 11/98 modifiziert wurde. Es werden vier Verkehrsarten unterschieden:

Verkehrsarten	Mitführpflichten
Linienverkehr	• Beglaubigte Kopie der Gemeinschaftslizenz (blau) • Genehmigungsurkunde
Sonderformen des Linienverkehrs (Sonderlinienverkehr)	• Beglaubigte Kopie der Gemeinschaftslizenz (blau) • Wenn vertraglich geregelt: beglaubigte Abschrift des Vertrages • Wenn nicht vertraglich geregelt: Genehmigung
Gelegenheitsverkehr	• Beglaubigte Kopie der Gemeinschaftslizenz (blau) • Fahrtenblatt (grün)
Werkverkehr	• Bescheinigung

Kabotageverkehre nach EU-Recht

Kabotage bedeutet: Zeitweilige Personenbeförderung innerhalb eines Landes, in dem der Unternehmer weder einen Unternehmenssitz noch eine Niederlassung hat. Beispiel: Ein Bus eines deutschen Unternehmens befördert Personen innerhalb eines anderen Staates von A nach B.

In der EU ist Kabotage in folgenden Fällen zulässig:

- Gelegenheitsverkehr (Mitgeführt werden müssen in diesem Fall die beglaubigte Kopie der Gemeinschaftslizenz und das Fahrtenblatt)
- Berufs- und Schülerverkehr
- Im Rahmen eines genehmigten grenzüberschreitenden Linienverkehrs

Der grenzüberschreitende Verkehr mit Nicht-EU-Staaten ist in verschiedenen Abkommen geregelt. Fahren Sie in oder durch ein Nicht-EU-Land, erkundigen Sie sich vorher, welche Papiere benötigt werden. Stellen Sie sicher, dass möglichst alle Dokumente vor Reisebeginn vorliegen, um ggf. längere Aufenthalte an der Grenze zu vermeiden.

Mitzuführende Fahrtenblätter:

EU-Fahrtenblatt	EU-Staaten, Island, Liechtenstein, Monaco, Norwegen, Schweiz
ASOR-Fahrtenblatt	Georgien, Russland, Tunesien, Ukraine, Weißrussland
Interbus-Fahrtenblatt	Albanien, Bosnien-Herzegowina, Kroatien, Montenegro, Moldawien, Mazedonien, Türkei

2 Kriminalität und Schleusung illegaler Einwanderer

▶ Sie sollen Kenntnisse über die gängigen Praktiken und die rechtlichen Aspekte bei der Schleusung illegaler Einwanderer erlangen und sich im Falle eines Verdachtes angemessen verhalten können

Die Schleusung illegaler Einwanderer ist ein Straftatbestand und sowohl im Gelegenheitsverkehr als auch im Linienverkehr ein Thema.

✚ **Hintergrundwissen** → Das maßgebliche Gesetz ist das **„Gesetz über den Aufenthalt, die Erwerbstätigkeit und die Integration von Ausländern im Bundesgebiet" (Aufenthaltsgesetz).** Daraus einige Auszüge:

§ 3 Passpflicht
(1) Ausländer dürfen nur in das Bundesgebiet einreisen oder sich darin aufhalten, wenn sie einen anerkannten Pass oder Passersatz besitzen, sofern sie von der Passpflicht nicht durch Rechtsverordnung befreit sind.
…
§ 4 Erfordernis eines Aufenthaltstitels
(1) Ausländer bedürfen für die Einreise und den Aufenthalt im Bundesgebiet eines Aufenthaltstitels, sofern nicht durch Recht der Europäischen Union oder durch Rechtsverordnung etwas anderes bestimmt ist…
Die Aufenthaltstitel werden erteilt als

1. Visum
2. Aufenthaltserlaubnis oder
3. Niederlassungserlaubnis
...

§ 95 Strafvorschriften

(1) Mit Freiheitsstrafe ... oder Geldstrafe wird bestraft, wer
1. entgegen **§ 3 Abs. 1** ... sich im Bundesgebiet aufhält,
2. ohne erforderlichen Aufenthaltstitel nach **§ 4 Abs. 1 Satz 1** sich im Bundesgebiet aufhält ...

...

§ 96 Einschleusen von Ausländern

(1) Mit Freiheitsstrafe ... oder Geldstrafe wird bestraft, wer einen anderen zu einer der in § 95 ... bezeichneten Handlungen anstiftet oder ihm dazu Hilfe leistet ...

...

(3) Der Versuch ist strafbar.

...

§ 63 Pflichten der Beförderungsunternehmer

(1) Ein Beförderungsunternehmer darf Ausländer nur in das Bundesgebiet befördern, wenn sie im Besitz eines erforderlichen Passes und eines erforderlichen Aufenthaltstitels sind.

Rechtliche Konsequenzen für den Busfahrer

- Bei dem Straftatbestand der „Schleusung" illegaler Einwanderer drohen bis zu 10 Jahre Haftstrafe.
- Die Straftaten reichen von der Beihilfe mit oder ohne geldwertem Vorteil bis zur professionellen Schleusung.
- In der Regel muss für den Straftatbestand ein Vorsatz („mit Wissen und Wollen") vorliegen.
- Aber auch bei der fahrlässigen Beihilfe (durch die Verletzung von Sorgfaltspflichten) liegt ein „objektiver Tatbestand" vor.
- Dieser führt in jedem Falle zum Verdacht des „subjektiven Tatbestandes" und damit zu Ermittlungen gegen den Busfahrer.

- Neben empfindlichen Strafen drohen auch der Verlust der Fahrerlaubnis Klasse D (Zweifel an der für die Klasse D erforderlichen charakterlichen Eignung) und damit der Verlust des Arbeitsplatzes.

Im jedem Falle setzt sich auch der „nur" fahrlässig handelnde Busfahrer dem Verdacht und den daraus resultierenden Untersuchungen aus. Dies können Sie verhindern, wenn Sie durch die entsprechenden präventiven Maßnahmen Ihre Sorgfaltspflichten erfüllen.

Sorgfaltspflichten des Busfahrers

Insbesondere im grenzüberschreitenden Verkehr, aber auch bei anderen Verkehrsformen, sollten Sie als Busfahrer im Gelegenheits- und Fernlinienverkehr grundsätzlich die folgenden Vorsichtsmaßnahmen ergreifen:

- Auf Rastplätzen (etc.) den Bus als Letzter verlassen und alles (Türen, Klappen) abschließen

Abbildung 13:
Hohlraum in einem
Omnibus

- Die Schlüssel sorgfältig verwahren und keiner anderen Person aushändigen
- Den Bus als Erster betreten und die Anzahl der Fahrgäste selber kontrollieren (kein Verlassen auf die Reisebegleitung)
- Den Gepäckraum und andere mögliche Verstecke sorgfältig kontrollieren
- Im Falle eines Verdachts die Polizei oder den Zoll rufen
- In keinem Falle zusätzliche Personen mitnehmen (auch die „gute Absicht" schützt nicht vor Strafe!)

Wie illegale Einwanderer die verschiedensten Hohlräume in Omnibussen als Versteck zu nutzen wissen, zeigen die Bilder auf S. 50.

Schleusung mit Hilfe des ÖPNV

Auch im ÖPNV nicht grenznaher Städte kann die Schleusung illegaler Einwanderer ein Thema sein. So werden z.B. nach Berlin in einem Monat allein ca. 150 Vietnamesen (schätzungsweise ca. ¼ des Gesamtvolumens aller Nationalitäten) geschleust.

Die illegalen Einwanderer werden z.B. mit einem Lkw nach Bernau, einem Vorort von Berlin, gebracht. In Bernau werden sie dann von dem Schleuser in die S-Bahn oder in einen Linienbus nach Berlin gesetzt und von einem anderen Schleuser in der Innenstadt in Empfang genommen. Im Falle eines erheblichen Verdachtes könnte die bedenkenlose Mitnahme dieser Personen als Beihilfe zur Schleusung ausgelegt werden.

Mögliche Erkennungsmerkmale geschleuster Personen

Ein gleichzeitiges Zusammenkommen der folgenden besonderen Auffälligkeiten könnte auf die Schleusung illegaler Einwanderer im ÖPNV hinweisen:

- Ein abgekämpftes bis leicht verwahrlostes Erscheinungsbild
- Ein scheues bis verschüchtertes Verhalten

- Das Tragen mehrerer Kleidungsstücke übereinander
- Keine Koffer oder Taschen, dafür eventuell eine Plastiktüte mit Kleidung
- Besondere Geruchsauffälligkeiten
- Keinerlei Deutschkenntnisse
- Kein eigenes Geld
- Begleitung durch eine Person, die vielleicht auch den Fahrschein löst oder den mitfahrenden Personen Geld gibt, aber nicht selbst mitfährt

Natürlich sind derartige Auffälligkeiten mit äußerster Vorsicht zu genießen, da sie erfahrungsgemäß auch auf andere Personengruppen zutreffen können.

Nur wenn mehrere davon zusammenkommen und Sie aufgrund Ihres Erfahrungsschatzes die Situation als besonders außergewöhnlich bzw. auffällig einschätzen, sollten Sie tätig werden, indem Sie über die Funkleitstelle die Polizei informieren. In der Regel wird man Sie auffordern werden, Ihre Fahrt „normal" fortzusetzen und die weitere Verfolgung des Falles Zivilbeamten zu überlassen, die während der Fahrt unerkannt zusteigen.

3 Sensibilisierung in Bezug auf Risiken des Straßenverkehrs und Arbeitsunfälle

3.1 Das Unfallgeschehen im Omnibusverkehr

▶ Sie sollen Statistiken von Verkehrsunfällen und die Beteiligung von Omnibussen bei Verkehrsunfällen kennen sowie einen Überblick über die menschlichen, materiellen und finanziellen Auswirkungen erhalten

Überblick über das Unfallgeschehen

Nicht nur im Straßenverkehr ereignen sich Unfälle, sondern auch in anderen Lebensbereichen.

Unfälle im Haushalt und in der Freizeit ereignen sich häufiger als Unfälle im Straßenverkehr. Die meisten tödlichen Unfälle ereignen sich dagegen im Verkehrsbereich.

Trotz des höheren Risikos, im Haushalt und in der Freizeit statt bei der Arbeit einen Unfall zu erleiden, ist jedes Jahr eine Vielzahl von Arbeitnehmern in einen Arbeitsunfall verwickelt. Dabei liegt die Zahl der meldepflichtigen Arbeitsunfälle – hierzu zählen auch Unfälle bei der Fahrtätigkeit – von Unternehmen, die bei der Berufsgenossenschaft für Transport und Verkehrswirtschaft (BG Verkehr) versichert sind, deutlich über dem Durchschnitt aller gewerblichen Berufsgenossenschaften.

Unfalltote/Unfallverletzte im Vergleich

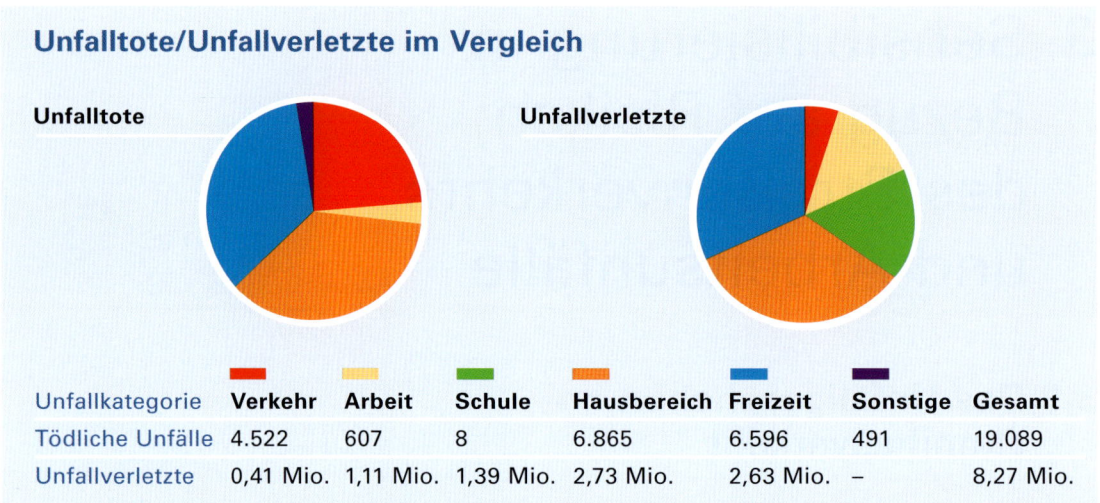

Unfalltote   **Unfallverletzte**

Unfallkategorie	Verkehr	Arbeit	Schule	Hausbereich	Freizeit	Sonstige	Gesamt
Tödliche Unfälle	4.522	607	8	6.865	6.596	491	19.089
Unfallverletzte	0,41 Mio.	1,11 Mio.	1,39 Mio.	2,73 Mio.	2,63 Mio.	–	8,27 Mio.

Abbildung 14:
Unfalltote/Unfallver-
letzte im Vergleich
(Angaben von 2008)
Quelle: BAuA

Verkehrsunfälle mit Beteiligung von Omnibussen

Im Jahr 2008 ereigneten sich laut Statistischem Bundesamt ca. 5.200 Verkehrsunfälle mit Personenschäden, an denen mindestens ein Omnibus beteiligt war. Davon waren 409 Unfälle sog. Alleinunfälle. Dieser Anteil liegt damit deutlich unter dem bei Pkw-Unfällen. An ca. 2.100 Unfällen im Zusammenhang mit anderen Verkehrsteilnehmern war der Omnibus als Hauptverursacher beteiligt. Bei den übrigen Unfällen war der Unfallgegner Hauptverursacher. Häufigster Unfall-gegner des Omnibusses ist mit weitem Abstand der Pkw. Aus der Gruppe der schwächeren Verkehrsteilnehmer – motorisierte Zwei-radfahrer, Radfahrer und Fußgänger – sind Fußgänger am häufigsten in Unfälle mit Omnibussen verwickelt.

Omnibusunfälle mit Personenschäden ereignen sich innerhalb von Ortschaften häufiger als außerhalb. Als häufigstes Fehlverhalten der Omnibusfahrer bei diesen Unfällen sind neben Fehlverhalten gegen-über Fußgängern nicht ausreichender Abstand und Fehler beim Ab-biegen und Ein- und Ausfahren, Fehler bei Vorfahrt und Vorrang sowie unangepasste Geschwindigkeit zu nennen.

Bus-Unfälle mit Personenschäden: Häufigstes Fehlverhalten der Fahrer

Fehlverhalten	Häufigkeit
Abstand	304
Geschwindigkeit	192
Falsches Verhalten gegenüber Fußgängern	316
Abbiegen, Ein- und Anfahren	266
Vorfahrt, Vorrang	211
Überholen	114
Falsche Straßennutzung	108
Verkehrstüchtigkeit Fahrer	28
Andere Fehler beim Fahrzeugführer	784

Abbildung 15:
Omnibusunfälle mit
Personenschäden:
Häufigstes Fehlver-
halten der Fahrer
(Angaben von 2008)
Quelle: Statistisches
Bundesamt

Arbeitsunfälle im Zusammenhang mit Omnibussen

Die Darstellung auf der nachfolgenden Seite gibt einen Einblick in das Unfallgeschehen bzw. über die Anzahl der meldepflichtigen Unfälle der bei der BG Verkehr versicherten Arbeitnehmer, deren Tätigkeit im Omnibusbereich angesiedelt ist. Als meldepflichtiger Arbeitsunfall wird ein Arbeitsunfall bezeichnet, bei dem der Verunfallte mehr als drei Tage arbeitsunfähig ist.

Bei Betrachtung der Arbeitsunfälle zeigt sich, dass von insgesamt ca. 83 Prozent der meldepflichtigen Arbeitsunfälle lediglich 12 Prozent Verkehrsunfälle sind. Damit stellen sie nicht den Hauptanteil der meldepflichtigen Arbeitsunfälle dar. Jedoch sind Verkehrsunfälle, insbesondere schwere, neben dem menschlichen Leid mit negativen Schlagzeilen und Imageverlust für die Busbranche verbunden.

Unfallkosten

Unfälle, gleich welcher Art, können erhebliche Kosten verursachen. Das folgende Beispiel eines Unfalles macht deutlich, welche Kosten ein solches Ereignis nach sich ziehen kann. Bei diesem Unfall war ein Fahrer beim Verlassen des Fahrzeugs von der Einstiegsstufe abge-

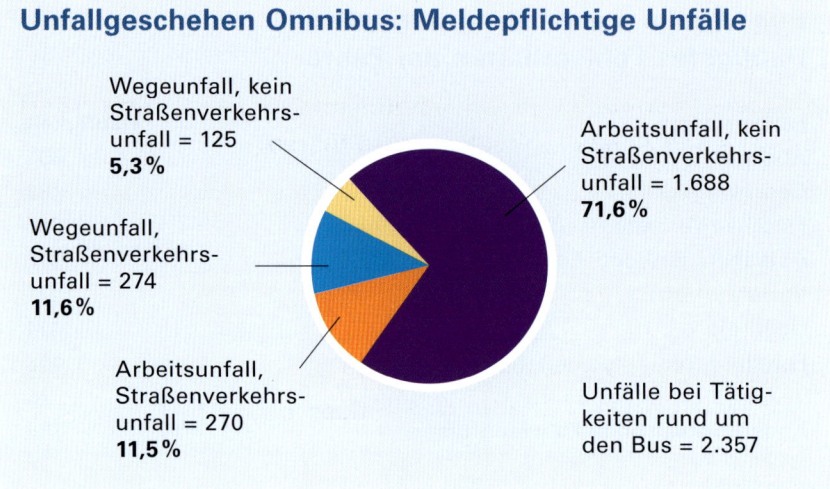

Unfallgeschehen Omnibus: Meldepflichtige Unfälle

Wegeunfall, kein
Straßenverkehrs-
unfall = 125
5,3 %

Arbeitsunfall, kein
Straßenverkehrs-
unfall = 1.688
71,6 %

Wegeunfall,
Straßenverkehrs-
unfall = 274
11,6 %

Arbeitsunfall,
Straßenverkehrs-
unfall = 270
11,5 %

Unfälle bei Tätig-
keiten rund um
den Bus = 2.357

rutscht und hatte sich Prellungen sowie einen Bänderriss zugezogen.

Kosten eines Arbeitsunfalls (Fallbeispiel)

Krankenhausbehandlung

Medizinische Nachbehandlung

Lohn- und Sozialkosten

} **Gesamtkosten in Höhe von 8.000 bis 10.000 €**

Das Beispiel zeigt auf, welche Kosten bereits mit einem relativ „einfachen" Arbeitsunfall verbunden sind. Dabei sind weitere betriebliche Kosten wie z. B. für Organisations- und Verwaltungsaufwand, Fahrzeugreparatur, Aushilfsfahrer/-in, Ausfallzeiten sowie evtl. Erhöhungen von Versicherungsprämien nicht berücksichtigt, die die Unfallkosten noch erheblich steigern können.

Neben den finanziellen Folgen ist mit einem Arbeitsunfall auch immer eine Störung des Betriebsablaufes verbunden. Auch wenn keine

Person zu Schaden kommt, muss der Fahrer bzw. die Fahrerin die Tour unterbrechen, der Unfall aufgenommen und für ein Ersatzfahrzeug gesorgt werden. Sind Fahrgäste von einem Unfall betroffen, kann deren Verärgerung zu einem Imageverlust des Omnibusunternehmens und zu einem Kundenverlust führen.

Wie hoch letztendlich die Kosten für ein Unternehmen sind, die durch einen Unfall entstehen, ist nur für den konkreten Einzelfall unter Berücksichtigung aller betriebswirtschaftlichen Aspekte und Auswirkungen zu ermitteln. Jedoch können schwere Omnibusunfälle, über die in der Presse berichtet wird, das Vertrauen der Kunden und das Ansehen der Branche beeinträchtigen und schädigen. Deshalb ist es erforderlich, Maßnahmen durchzuführen, die dazu beitragen, dass Unfälle erst gar nicht entstehen.

3.2 Entstehung von Unfällen

▶ Sie sollen die Ursachen für die Entstehung von Unfällen und
typische Arbeitsunfälle kennen

Unfälle geschehen nicht, sie werden verursacht!

Die Verkehrsteilnehmer müssen im Straßenverkehr permanent Entscheidungen treffen, wie:

- Halte ich an, wenn die Ampel jetzt umspringt, oder fahre ich
  noch durch?
- Kann ich den Mopedfahrer hier noch überholen oder lasse ich
  den Gegenverkehr erst vorbei?
- Ist mein Abstand zum Vordermann ausreichend oder muss ich
  ihn vergrößern?

Diese Entscheidungen müssen häufig schnell getroffen werden, Zeit
zum Überlegen und Abwägen steht meist nicht zur Verfügung. Doch
nach welchen Kriterien werden die Entscheidungen getroffen? Wie
Sie sich auch entscheiden, Ihre Entscheidung kann sowohl Folgen

Abbildung 18:
Komponenten des
Systems Straßen-
verkehr

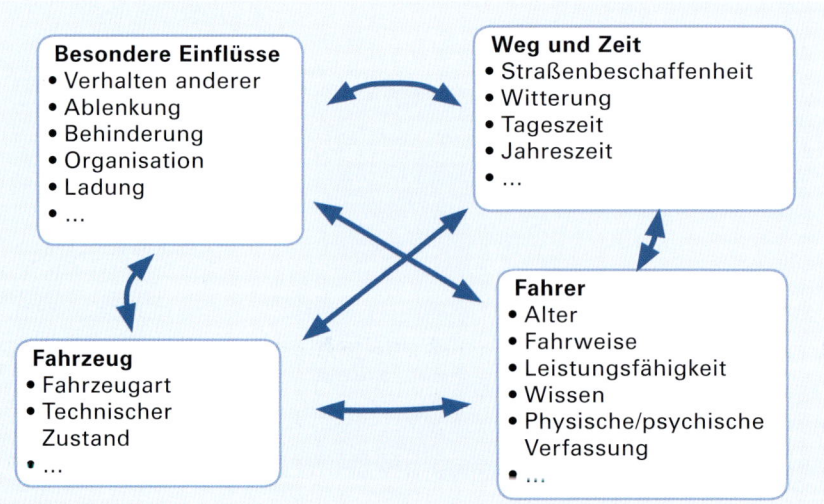

für die eigene als auch für die Sicherheit anderer Personen bzw. Verkehrsteilnehmer haben. Die Grafik auf der vorhergehenden Seite zeigt, welche Komponenten des Systems Straßenverkehr miteinander in Beziehung stehen und sich gegenseitig beeinflussen.

Unfallfaktoren

Bei der Entstehung von Unfällen spielen verschiedene Faktoren eine Rolle, wie das unten abgebildete Unfallentstehungsmodell zeigt. Nach diesem entsteht ein Unfall, wenn zu einer Gefährdung unfallbegünstigende Faktoren hinzukommen. Als unfallbegünstigende Faktoren werden technische, organisatorische und personenbedingte Faktoren (TOP) bezeichnet.

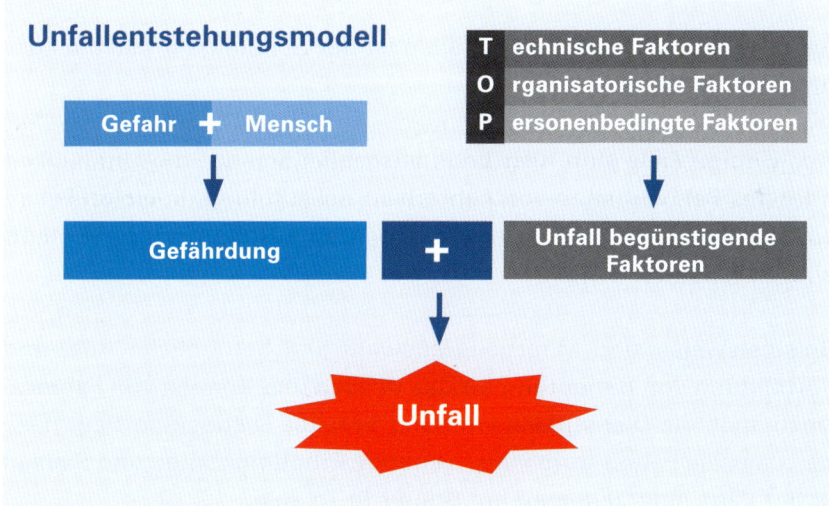

Abbildung 19:
Unfallentstehungsmodell

Einflussfaktor „Technik"

Unfallursachen, die durch technische Mängel bedingt sind, nehmen insgesamt nur einen geringen Anteil ein. Sind sie jedoch Ursache eines Unfalls, dann sind hauptsächlich Mängel an den Reifen und an der Bremsanlage dafür verantwortlich.

Technische Einrichtungen wie Fahrerassistenzsysteme können in kritischen Situationen zur aktiven Sicherheit beitragen. Voraussetzung ist jedoch, dass der Fahrer diese Systeme korrekt nutzt.

Fahrerassistenzsysteme wie Automatische Blockier-Verhinderer, die Automatische Abstandsregelung und der Spurhalteassistent fördern die Fahrsicherheit, können aber auch zu einer unvorsichtigen Fahrweise durch den Glauben verleiten, dass „die Technik es schon richten wird". Denken Sie als Fahrerin bzw. Fahrer stets daran:

„ABS", „ACC" etc. sind lediglich IHRE Assistenzsysteme, die Sie unterstützen, aber die Chefin bzw. der Chef im Omnibus sind SIE.

Einflussfaktor „Organisation"

Bei der Untersuchung von Unfällen ist der Schuldige oft schnell gefunden: **Der Fahrer**

Nur wenige Fälle sind allerdings ausschließlich auf die Unfähigkeit oder das Fehlverhalten von Fahrern zurückzuführen. In vielen Fällen spielen organisatorische Komponenten eine Rolle bzw. sie fördern eine Unfallentstehung.

Beispielsweise sind Mitarbeiterauswahl und betriebliche Aus- und Fortbildung von Bedeutung für das Wissen und Können von Fahrern. Doch auch die Dienstplangestaltung bzw. die Disposition trägt dazu bei, dass die Fahrer durch ausreichende Erholungszeiten und Pausen in der Lage sind, jederzeit am Steuer fit zu sein.

Einflussfaktor „Umgebung"

Ein wesentlicher Faktor für die Verkehrssicherheit ist die Beschaffenheit der Straße.
Reisebusfahrer bewegen sich vorwiegend auf Autobahnen, wobei besondere Gefahren von Strecken mit hohem Verkehrsaufkommen, Steigungs- und Gefällstrecken und von Baustellen ausgehen. Linien-

busfahrer dagegen bewegen sich primär im städtischen, dichten Verkehr mit teilweise engen Verkehrsräumen. Besondere Gefahren stellen dabei das Ein- und Abbiegen, Rangieren und Spurwechseln sowie das Passieren von Engstellen dar.

Aber auch Witterungsbedingungen wie Regen, Nebel und Schnee sind mit Gefahren verbunden. Diese Gefahren wirken durch eine eingeschränkte Sicht und eine reduzierte Fahrbahngriffigkeit unmittelbar.

Sowohl Straßenbeschaffenheit als auch jahres- und tageszeitenabhängige Bedingungen erfordern von Fahrern eine verstärkte Aufmerksamkeitsleistung und eine vorausschauende Fahrweise. Außerdem erfordern diese Bedingungen einen möglichst optimalen technischen Zustand und eine entsprechende Ausstattung der Fahrzeuge (z.B. ausreichendes Reifenprofil, Sommer- und Winterreifen, Schneeketten), um Gefahrensituationen zu vermeiden.

Ein weiteres witterungsbedingtes Risiko bei Straßenverkehrsunfällen ist **Aquaplaning**. Dabei kommt es zum Aufschwimmen der Räder, was zu einem unkontrollierten Gleiten auf der Fahrbahn führt. Anzeichen für die Gefahr von Aquaplaning sind:
- Die Lenkung wird immer leichtgängiger
- Ein Ruck bzw. Schlag in der Lenkung

Regelrechte Aquaplaning-Fallen sind:
- Kurven, in denen sich Wasser ansammelt
- Spurrillen, in denen das Wasser stehen bleibt
- Unterführungen, in denen das Wasser nicht abläuft
- Straßen neben Fels- und Berghängen
- Sehr breite Straßen, auf denen der Ablauf des Wassers über die gesamte Straßenbreite einen längeren Zeitraum benötigt

Um gar nicht erst in gefährliche Aquaplaning-Situationen zu geraten, kann man einiges im Vorfeld tun:

- Für ein ausreichendes Reifenprofil (mindestens 4 mm, empfohlen 6 mm) und den für den Beladungszustand richtigen Reifendruck sorgen
- Eine an die Verkehrssituation angepasste Geschwindigkeit fahren und
- Einen möglichst großen Abstand zum vorausfahrenden Fahrzeug halten

Einflussfaktor „Persönlichkeit"

Wie bereits ausgeführt, werden bei Omnibusunfällen als häufigste Unfallursachen unangepasste Geschwindigkeit und zu geringer Sicherheitsabstand genannt. Unangepasste Geschwindigkeit ist meist nicht allein für einen Unfall verantwortlich, sondern in der Regel kommen weitere Faktoren hinzu, die zu einem Unfall führen. Dies können sein:

- Fehleinschätzungen durch Nichterkennen eines Gefährdungspotenzials
- Wahrnehmungsprobleme, z.B. fehlerhaftes Einschätzen der tatsächlichen Geschwindigkeit
- Situative Faktoren wie z.B. Zeitdruck, Stress
- Psychische Barrieren bei der Gefahrenwahrnehmung („Alles unter Kontrolle" bzw. „Mir passiert schon nichts")

Leistungsfähigkeit, Wissensstand und Erfahrung

Das Fahren eines Omnibusses erfordert vom Fahrer verschiedene komplexe Tätigkeiten wie Steuerungs-, Wahrnehmungs- und Entscheidungstätigkeiten. Dafür müssen die relevanten Signale und Zeichen aus der Umgebung wahrgenommen, erfasst, gefiltert und bewertet werden, um die für die jeweilige Situation erforderlichen Aktivitäten einleiten und durchführen zu können. Trotz der regelmäßigen Überprüfung des Gesundheitszustandes von Omnibusfahrern sind die Grenzen der Informationsaufnahme und -verarbeitung individuell verschieden. Am Beispiel des visuellen Erkennens wird dies deutlich.

Abbildung 20:
Komplexe Verkehrs-
situation
Quelle: Deutscher
Verkehrssicher-
heitsrat e. V., Bonn

Eine hohe Informationsdichte, beispielsweise durch einen sog.
„Schilderwald", kann das Wahrnehmungssystem eines Fahrers über-
fordern und ermöglicht dadurch Fahrfehler.
Auch in Stresssituationen kann das Wahrnehmungssystem beein-
trächtigt bzw. überfordert sein und somit zu Fehlreaktionen führen.

Physische und psychische Verfassung
Krankheiten und Müdigkeit, aber auch altersbedingte Prozesse können die menschliche Leistungsfähigkeit einschränken und senken.
Bereits ungenügender Schlaf oder ein Infekt schränken die Aufmerk-
samkeit ein, reduzieren die Reaktionsfähigkeit und -zeit und beeinflussen somit Entscheidungsprozesse. Die Einnahme von Medika-
menten kann diese Wirkungen noch intensivieren.
Aber neben physischen können auch psychische Belastungen die
Leistungsfähigkeit eines Menschen negativ beeinflussen. Die Ursachen für diese Belastungen können sowohl im privaten Bereich –
schwere Erkrankungen oder Todesfälle und Auseinandersetzungen
im privaten Umfeld etc. – als auch im beruflichen Bereich – Auseinandersetzungen mit Kollegen, Vorgesetzten oder auch Kunden,
schlechtes Betriebsklima etc. – angesiedelt sein.

Ablenkungen

Der Mensch kann nur begrenzt Informationen aufnehmen und verarbeiten. Kommen weitere Ablenkungen hinzu, wird die Leistungsfähigkeit weiter eingeschränkt und das Risiko von Fehlverhalten erhöht sich. Ablenkungen können verschiedener Art sein, z.B. Mobiltelefon oder Streckenfunk, Musik im Reisebus, aber auch Fahrgäste.

Typische Arbeitsunfälle

Arbeitsunfälle in der Omnibusbranche geschehen nicht nur im Straßenverkehr, sondern auch in anderen Arbeitsbereichen eines Omnibusunternehmens. Die meisten meldepflichtigen Arbeitsunfälle ereignen sich am stehenden Omnibus, davon am häufigsten auf dem Betriebshof, wie die folgende Grafik zeigt. Von den Unfällen betroffen sind das Fahrpersonal, Werkstatt-, Reinigungs- und Wartungspersonal sowie Unternehmer. Den größten Anteil an den Arbeitsunfällen in der Omnibusbranche nehmen mit rund 40 % die Stolper-, Rutsch- und Sturzunfälle ein.

Abbildung 21:

Meldepflichtige Arbeitsunfälle nach Arbeitsbereichen in Prozent (Angaben von 2008)

Quelle: BG Verkehr

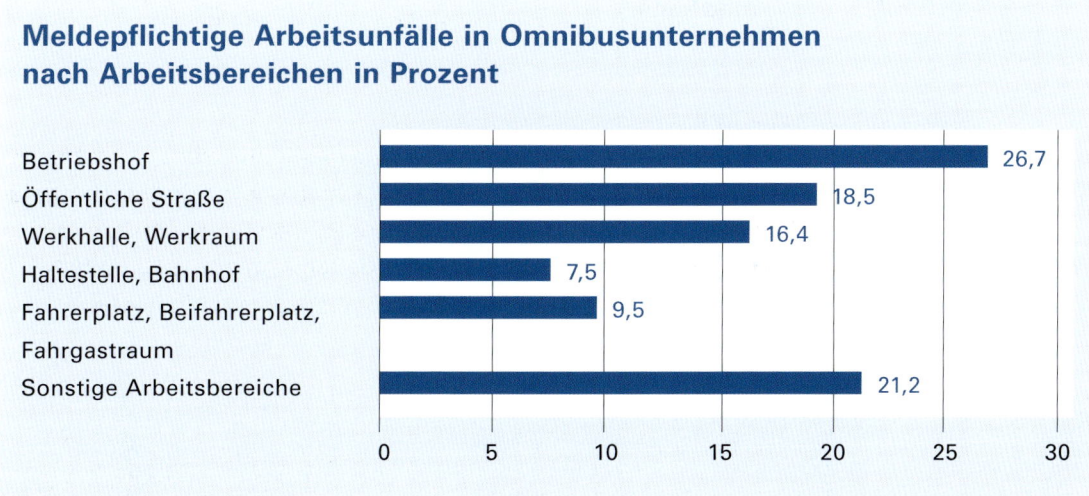

Meldepflichtige Arbeitsunfälle in Omnibusunternehmen nach Arbeitsbereichen in Prozent

Arbeitsbereich	Prozent
Betriebshof	26,7
Öffentliche Straße	18,5
Werkhalle, Werkraum	16,4
Haltestelle, Bahnhof	7,5
Fahrerplatz, Beifahrerplatz, Fahrgastraum	9,5
Sonstige Arbeitsbereiche	21,2

Verhalten bei Pannen und Notfällen

Pannen und Notfälle ereignen sich in der Regel ohne Vorwarnung oder Ankündigung überraschend und unerwartet. In diesen Situationen ist ein schnelles und richtiges Handeln gefordert. Da sich aber Notfälle eher selten ereignen, reagiert der Fahrer aufgrund mangelnden Trainings oft unangemessen auf die eingetretene Notsituation.

In Abhängigkeit vom jeweiligen Notfall oder der Panne gibt es grundsätzliche Vorgehens- und Verhaltensregeln. Dazu zählt:

- Das Wissen, dass ein Notfall oder eine Panne jederzeit eintreten kann
- Dass die mitgeführte Notfallausrüstung (Verbandkasten, Warnleuchte, Warndreieck, Feuerlöscher etc.) intakt ist
- Das Wissen, wo sich die Notfallausrüstung befindet
- Dass die Handhabung der Notfallausrüstung trainiert wurde
- Das richtige Absetzen eines Notrufs
- Das Betreuen der Fahrgäste und die Durchführung von Erste-Hilfe-Maßnahmen
- Dass der Fahrer auch Fahrgäste zu seiner Unterstützung nehmen kann

4 Fähigkeit zu richtiger Einschätzung der Lage bei Notfällen

4.1 Verhalten nach einem Verkehrsunfall

▶ Sie sollen wissen, wie Sie sich im Notfall verhalten sollen, hier insbesondere bei einem Verkehrsunfall

Durch Notfallprävention stellen Sie sicher, dass im Bedarfsfall alle Maßnahmen zur Sicherheit im Fahrzeug eingeleitet werden können und alle notwendigen Hilfsmittel vorhanden sind.

Dazu gehören:
- Ordnungsgemäße Überprüfung des Fahrzeugs vor Fahrtbeginn
- Die rechtzeitige Weiterleitung von Mängeln und Schäden an Fahrzeugen
- Kontrolle über das Vorhandensein der Ausrüstungsgegenstände
- Auf ein richtiges Verhalten der Fahrgäste nach den Beförderungsbestimmungen achten
- Durch Ihr Verhalten zur Verringerung einer möglichen Gefährdung beitragen
- Eine ausgeglichene, vorausschauende Fahrweise, um es gar nicht zu „Gefahrensituationen" kommen zu lassen

Die Fähigkeit zur richtigen Einschätzung von Notfällen sollte bereits bei jedem Teilnehmer grundsätzlich vorhanden sein. Als Teilnehmer des öffentlichen Lebens ist das Erleben eines Notfalls – ob beteiligt oder nicht – jederzeit möglich. Auch im privaten Bereich schreibt der

Gesetzgeber vor, dass jeder Teilnehmer am Straßenverkehr in die „Erstmaßnahmen am Unfallort" unterwiesen sein muss.

Die Praxis sieht jedoch meist anders aus, da die Fähigkeit, im Notfall richtig zu handeln, in der Regel nicht mehr trainiert wird und so bei Bedarf nicht abgerufen werden kann. In den meisten Fällen handelt der Betroffene instinktiv mit unterschiedlichem Erfolg.

Als Berufskraftfahrer im Personenverkehr wird jedoch von Ihnen erwartet, dass gerade Sie in Ihrer Funktion in der Lage sind
- Notfallsituationen richtig einzuschätzen,
- angemessen zu reagieren und
- professionell die Erstmaßnahmen einzuleiten.

Gegenüber Ihren Fahrgästen kommt Ihnen eine besondere Verantwortung zu. Dazu zählen auch präventive Maßnahmen wie das Mitführen der vorgeschriebenen Ausrüstungsgegenstände und die Kontrolle zur Verwendbarkeit und Erreichbarkeit der Hilfsmittel. Tritt ein Notfall ein, sind folgende Maßnahmen erforderlich:

1. Einschätzung der Lage (Ausmaß, Verletzte, Beteiligte, zusätzliche Gefahren)
2. Absichern der Unfallstelle (weitere Gefahren verhindern)
3. Verständigung der Hilfskräfte (wer wird benötigt, Anzahl Verletzter, was ist passiert, genauer Ort)
4. Verletzte bergen und Erste Hilfe leisten (Wundversorgung, stabile Seitenlage, Schockverletzte, Wiederbelebung)
5. Erstbekämpfung bei Brand (Verwendung des Feuerlöschers, Brandausweitung verhindern, Beachtung der Brandklassen, Gefahren der Rauchentwicklung, Eigenschutz)

Definition „Notfall"

Ein „Notfall" ist ein plötzlich eingetretenes, unvorhergesehenes Ereignis. Dabei sind Menschenleben oder hohe Sachwerte bedroht bzw. in Gefahr.

Einschätzung der Lage

Um die notwendigen Erstmaßnahmen einleiten zu können sowie die benötigten Hilfskräfte anzufordern, ist die Fähigkeit zur richtigen Einschätzung des Ausmaßes des Notfalls hilfreich bzw. erforderlich.

Überstürztes, panikartiges Handeln führt in der Regel zu Fehlern oder der Einleitung falscher Maßnahmen, welche dann nur schwer zu korrigieren sind.

Hier sollten Sie sich die notwendige Zeit nehmen, um sich zuerst ein Bild von Örtlichkeit und Ausmaß zu machen, bevor mit den Erstmaßnahmen begonnen wird.

Zur richtigen Einschätzung der Lage bei Notfällen gehören:

- Wer ist beteiligt?
- Bestehen am Unfallort akute Gefahren (z. B. auslaufendes Benzin, Stromleitungen)?
- Sind sofortige Maßnahmen zur Selbst-/Fremdrettung erforderlich?
- Welche Hilfskräfte werden benötigt?

Je objektiver und genauer Ihre Einschätzung erfolgt, desto zielgerichteter und effizienter können die Erstmaßnahmen durch Hilfskräfte sowie deren Information eingeleitet bzw. weitergeleitet werden.

Absicherung der Unfallstelle

Zur Vermeidung von Folgeunfällen ist zuerst die Unfall-/Gefahrenstelle abzusichern. Vor Absichern der Unfallstelle sind die Fahrgäste in geeigneter Weise zu informieren.

Dabei geht es in erster Linie darum, Panikreaktionen unter den Fahrgästen zu vermeiden. Wenn möglich, sollten Sie in „beruhigender Weise" auf die Fahrgäste einwirken.

Sie könnten zum Beispiel sagen:

- „Bitte verhalten Sie sich ruhig, es besteht keine Gefahr."
- „Bleiben Sie im Fahrzeug, bis die Unfallstelle abgesichert ist."

Im Falle eines Brandes oder anderer unmittelbarer Gefahr für die Fahrgäste ist eine Selbstrettung nicht auszuschließen. Hier müssen Sie nach Möglichkeit die Türen öffnen und die Fahrgäste zum Aussteigen auffordern.

Im Falle der Selbstrettung ist, wenn möglich, auf eventuelle Gefahren wie „fließender Verkehr" oder „Explosionsgefahr" hinzuweisen.

Besteht diese Gefahr nicht, ist in jedem Fall zuerst die Unfallstelle abzusichern. Dabei ist selbstverständlich auf den Eigenschutz zu achten. Die Absicherung der Unfallstelle ergibt sich auch aus der Verkehrssicherungspflicht (§ 34 Nr. 1 StVO), nach der die Unfallbeteiligten alles tun müssen, um weitere Unfälle zu vermeiden.

- Machen Sie sich bereits vor Antritt der Fahrt über die Unterbringung der Hilfsmittel vertraut, um bei Bedarf schnell an die benötigten Dinge zu gelangen.
  Dazu gehören:
  - Warndreieck
  - Signallampe
  - Feuerlöscher
  - Verbandskasten
- Informieren Sie sich über Handhabung und Funktion der Hilfsmittel
- Vermeiden Sie überstürztes Handeln, nehmen Sie sich die Zeit, um Ihre Nervosität oder Aufregung in den Griff zu bekommen und danach angemessen agieren zu können
- Machen Sie sich für andere erkennbar (Warnweste)
- Schaffen Sie einen gesicherten Raum
- Fordern Sie, wenn möglich, die Unterstützung anwesender Personen

Verständigung der Hilfskräfte

Nach Einschätzung des Ausmaßes ist sofort über Notruf die Leitstelle zu informieren. (Bei Unternehmen ohne eigene Leitstelle ist, wenn möglich, über Handy oder ein anderes Telefon die **112** zu wählen).

Versuchen Sie, vor dem Sprechen tief zu atmen, etwas zu entspannen, um nach Möglichkeit die Situation kurz, verständlich und vor allem deutlich schildern zu können. Hilfreich bei der Weitergabe der Information ist, sich an den Anfangsbuchstaben „W" zu orientieren.

Die Information muss enthalten:

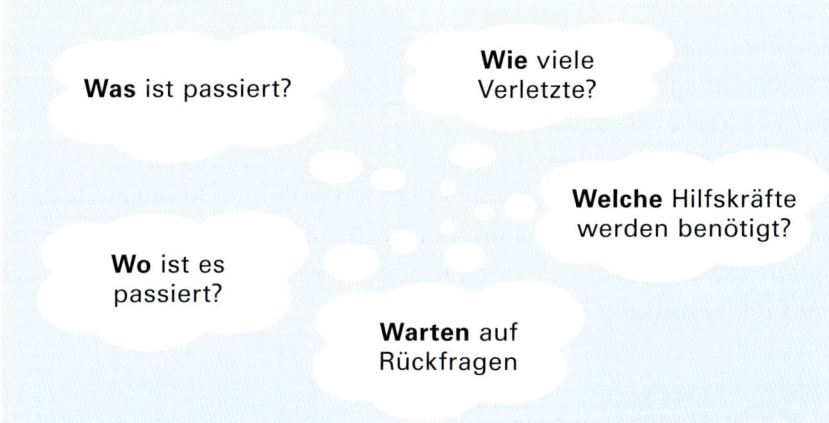

Was ist passiert?

Wie viele Verletzte?

Welche Hilfskräfte werden benötigt?

Wo ist es passiert?

Warten auf Rückfragen

Abbildung 22: Verständigung der Hilfskräfte

Bergung von Verletzten

Nach Absicherung der Unfallstelle und Verständigung der Hilfskräfte ist mit der Versorgung und wenn möglich mit der Bergung von Verletzten zu beginnen.

Dabei ist es sinnvoll, soweit möglich, andere am Unfallort befindliche Personen zur Unterstützung mit einzubinden. Die Pflicht zur Ersten Hilfe (§ 323 c StGB) gilt für alle!

HINWEIS

Wer bei Unglücksfällen oder gemeiner Gefahr oder Not nicht Hilfe leistet, obwohl dies erforderlich und ihm den Umständen nach zuzumuten ist, insbesondere ohne erhebliche eigene Gefahr und ohne Verletzung anderer wichtiger Pflichten, hat mit einer Freiheitsstrafe von bis zu einem Jahr oder mit einer Geldstrafe zu rechnen.

Die geleistete Erste Hilfe steht am Anfang der Rettungskette, da es unter Umständen mehrere Minuten dauert, bis der Rettungsdienst eingetroffen ist.

Bei unmittelbarer Gefahr sind die Verletzten nach Möglichkeit zuerst aus der Gefahrenzone zu bringen. Dabei ist natürlich der Eigenschutz nicht zu vernachlässigen.

Die eigentliche „Bergung" von Verletzten bedeutet demnach die Verhinderung von weiteren körperlichen Schäden. Ist der Verletzte an einem sicheren Ort, soll bis zum Eintreffen der Rettungskräfte mit der Erstversorgung begonnen werden.

 Hintergrundwissen →

Rechtssicherheit bei Hilfeleistungen

Häufig kommt es zu Hemmungen oder Unsicherheiten bei der Durchführung von Hilfeleistungen. Die Angst, bei Hilfeleistungen etwas falsch zu machen und dadurch rechtlich belangt zu werden, ist unbegründet, wenn der „Helfer" nach bestem Wissen und mit größtmöglicher Sorgfalt gehandelt hat.

Rechtsfolgen sind nur zu erwarten, wenn Vorsatz, absichtliches Fehlverhalten oder grobe Fahrlässigkeit nachgewiesen werden können.

Begeht ein Ersthelfer bei seiner Hilfsmaßnahme eine Ordnungswidrigkeit oder Straftat, spricht der Jurist von einem „rechtfertigenden Notstand", der nicht strafbar ist. Kommt der Ersthelfer bei seiner Hilfeleistung zu Schaden, haftet die Haftpflichtversicherung des Verletzten bzw. der gesetzliche Versicherungsträger.

Erste Hilfe

Im Bereich der Ersten Hilfe spricht man von einem Notfall, wenn es zu einer lebensbedrohenden Störung der Vitalfunktionen bei Menschen kommt.

Zur Ersten Hilfe zählt eine Reihe von Erstmaßnahmen. Die Spanne reicht dabei von der Wundversorgung und der Betreuung von Schockverletzten bis hin zu den Erstmaßnahmen im Notfall, wenn

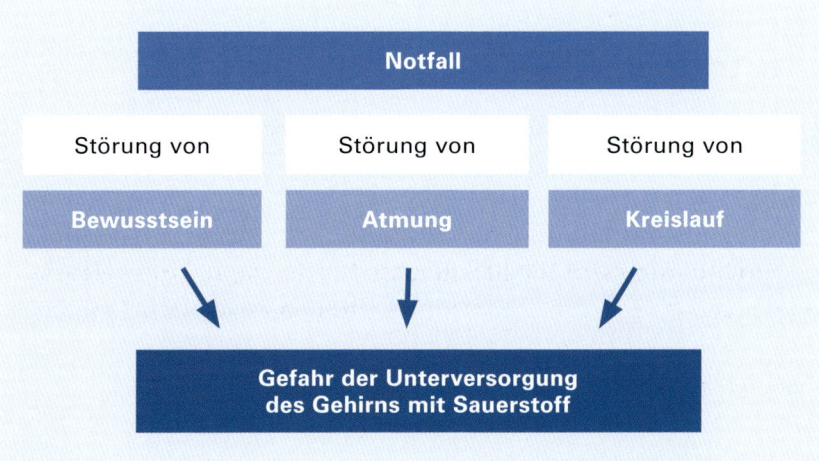

Abbildung 23:
Notfall

lebenserhaltende Funktionen wie das Bewusstsein, die Atmung oder
der Kreislauf gestört sind.

AUFGABE

Bringen Sie folgende Hilfsmaßnahmen in die richtige Reihenfolge!

- Hilfskräfte verständigen
- Andere Personen um Mithilfe bitten
- Fahrgäste informieren
- Unfallstelle absichern (Warndreieck und Lampe aufstellen)
- Fahrzeug sichern
- Ruhe bewahren
- Fahrgäste informieren
- Erste Hilfe leisten
- Überblick verschaffen
- Hilfskräfte abwarten
- Bei Bedarf Fahrgäste aus dem Gefahrenbereich evakuieren

4.2 Reaktionen bei Brand

▶ Sie sollen die Grundlagen der Brandbekämpfung kennen

Gerade bei Unfällen im Straßenverkehr stellen das Auslaufen von Kraftstoffen und, damit verbunden, freiwerdende Gase eine zusätzliche Gefahrenquelle dar. Daher ist der sichere Abstand zur Gefahrenzone in jedem Fall herzustellen.

Brände können auch durch elektrische Kurzschlüsse im Fahrzeug, durch Vandalismus oder Motorschaden mit Ölbrand entstehen.

- Brandbekämpfung ist umso erfolgreicher, je eher damit begonnen wird
- Der Einsatz eines Feuerlöschers bringt nur dann einen Erfolg, wenn:
  - Die Brandquelle mit dem Löschstrahl erreicht werden kann
  - Die thermische Aufbereitung des Materials noch nicht weit fortgeschritten ist
  - Die Branddauer noch gering ist
- Die Rauchentwicklung birgt besondere Gefahren. Mehr als 80 % aller Brandopfer sterben nicht durch den eigentlichen Brand, sondern durch das Einatmen von giftigen Gasen mit anschließender Bewusstlosigkeit.
- Die Eigengefährdung bei der Brandbekämpfung ist daher besonders hoch

Als Fahrer müssen Sie mit den unterschiedlichen Feuerlöschern und den zugeordneten Löschmitteln vertraut sein. So sollen nur solche Feuerlöscher verwendet werden, die durch die richtige Zuordnung der Brandklassen zur Brandbekämpfung geeignet sind.

Abbildung 24:

Richtig löschen

Quelle: TOTAL

Feuerschutz GmbH

	Richtig	Falsch
Brand in Windrichtung angreifen!		
Flächenbrände von vorne beginnend ablöschen!		
Tropf- und Fließbrände von oben nach unten löschen!	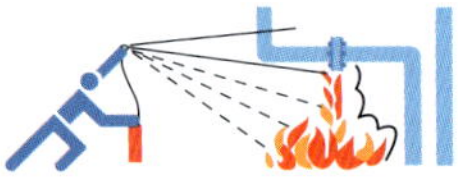	
Ausreichend Feuerlöscher gleichzeitig einsetzen, nicht nacheinander!	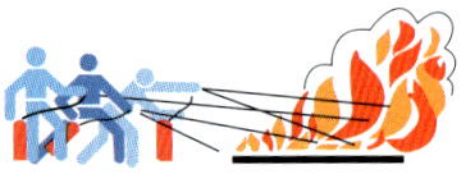	
Rückzündung beachten!		
Nach Gebrauch Feuerlöscher nicht wieder an den Halter hängen. Neu füllen lassen!		

AUFGABE

Wie würden Sie reagieren?
Ein Fahrgast informiert Sie über Schmorgeruch und leichte Rauchentwicklung am Heck Ihres Fahrzeuges…

4.3 Vorgehen bei Gewalttaten

▶ Sie sollen richtiges Verhalten und richtige Kommunikation beim Erkennen von Gewalttaten lernen

Bei der Beförderung von Personen ist eine Konfliktsituation (z.B. Schlägerei, Androhung von Gewalt) jederzeit möglich. Hier gibt es kein Patentrezept für das richtige Vorgehen.

Die Fahrgäste erwarten, dass Sie als Fahrer einschreiten und für „Ruhe und Ordnung" sorgen. Es gilt jedoch auch in diesem Fall:

Jeder handelt im Rahmen der betrieblichen und gesetzlichen Vorgaben unter Berücksichtigung der persönlichen Fähigkeiten.
Zu beachten sind immer die Personen, Situation und Umfeld!

Hier sollten Sie die „Antennen ausfahren", um entstehende Konflikte rechtzeitig zu erkennen. In der Entstehungsphase eines Konflikts besteht noch die beste Chance, die Fahrgäste mit Worten zu beruhigen.

Ihr Auftreten darf nicht durch Lautstärke oder aggressive Gesten provozierend wirken.

Ist die Phase der Entstehung bereits vorüber und kommt es tatsächlich zu gewalttätigen Auseinandersetzungen, besteht die Möglichkeit, andere Fahrgäste zu bitten, Sie zu unterstützen und parallel dazu die Polizei zu rufen.

Es ist Ihnen nicht zuzumuten, sich selbst in Gefahr zu bringen. Hier müssen Sie in der Lage sein, Situationen analysieren zu können, um anschließend angemessene Maßnahmen einleiten zu können.

Aktive körperliche Teilnahme am Geschehen ist kritisch und nur vertretbar, wenn Sie persönlich angegriffen werden und in Notwehr handeln.

4.4 Erstellen einer Unfallmeldung

▶ Sie sollen die Fähigkeit zu einer sachlichen Wiedergabe eines
Unfalls ohne subjektive Einschätzung erwerben

Die Dokumentation eines Vorfalls ist für die nachfolgende Bearbei-
tung von größter Wichtigkeit und kann im Versicherungsfall oder gar
vor Gericht als entscheidendes Dokument einfließen.

Deshalb ist bei der Erstellung einer Unfallmeldung größte Sorgfalt
notwendig. Die Unfallmeldung soll den Vorfall sachlich und klar wi-
derspiegeln. Sie besteht aus festen Daten (Diese sind in vorgefertig-
ten Formularen bereits vorgegeben) und einer kurzen Schilderung
des Vorfalls aus Ihrer Sicht, eventuell unterstützt durch Skizzen und
Fotos.

Sie treten bei der Erstellung der Unfallmeldung als Beteiligter oder
als Zeuge auf und sind zur Auskunft nach bestem Wissen und Ge-
wissen verpflichtet. Aussagen, die eine persönliche Belastung nach
sich ziehen würden, müssen in dieser Unfallmeldung nicht gemacht
werden.

Abbildung 25:
Nach einem
Verkehrsunfall

Unfallbericht

Keine Schuldanerkenntnis, sondern eine Wiedergabe des Unfallherganges zur schnelleren Schadenregulierung.

Von beiden Fahrzeuglenkern auszufüllen

Abbildung 26:
Unfallbericht

1. Tag des Unfalles | Uhrzeit

2. Ort (Gemeinde, Straße, Haus-Nr. bzw. Kilometerstein)

3. Verletzte? (auch leicht)
nein ☐ ja ☐ *

4. Andere Sachschäden als an den Fahrzeugen A u. B
nein ☐ ja ☐

5. Zeugen (Name, Anschrift, Telefon; *Insassen von A und B unterstreichen*)

Fahrzeug A

6. Versicherungsnehmer
(siehe Kfz-Schein/
Grüne Versicherungskarte)

Name: _____

Vorname: _____

Anschrift: _____

Telefon: _____

Besteht Berechtigung zum Vorsteuerabzug?
nein ☐ ja ☐

7. Fahrzeug

Marke, Typ: _____

Amtl. Kennzeichen: _____

8. Versicherer

Vers.-Nr: _____

Agent: _____

Nr. der Grünen Karte: _____

Versicherungs-ausweis
oder Grüne Karte gültig bis: _____

Besteht eine Vollkaskoversicherung?
nein ☐ ja ☐

9. Fahrer (siehe Führerscheindaten)

Name: _____

Vorname: _____

Adresse: _____

Führerschein-Nr: _____

Klasse: _____ ausgestellt durch: _____

gültig ab _____ bis _____
(Für Omnibusse, Taxis usw.)

12. Umstände

Bitte ankreuzen, soweit für die Beschreibung der Skizze sachdienlich

A		Nr.		Nr.		B
☐		1	Fahrzeug parkte (auf der Straße)	1		☐
☐		2	fuhr aus der Parkstelle heraus	2		☐
☐		3	fuhr in eine Parkstelle hinein	3		☐
☐		4	fuhr aus einem Parkplatz, aus einem Grundstück oder einem Feldweg/Privatweg heraus	4		☐
☐		5	fuhr auf einen Parkplatz, bog in ein Grundstück oder einen Feldweg/Privatweg ein	5		☐
☐		6	bog in einen Kreisverkehr ein	6		☐
☐		7	fuhr im Kreisverkehr	7		☐
☐		8	fuhr heckseitig auf ein anderes Fahrzeug auf bei Fahrt in dieselbe Richtung und auf derselben Fahrspur	8		☐
☐		9	fuhr in gleicher Richtung, aber in einer anderer Spur	9		☐
☐		10	wechselte die Spur	10		☐
☐		11	überholte	11		☐
☐		12	bog rechts ab	12		☐
☐		13	bog links ab	13		☐
☐		14	setzte zurück	14		☐
☐		15	fuhr in die Gegenfahrbahn	15		☐
☐		16	kam von rechts	16		☐
☐		17	beachtete Vorfahrtszeichen nicht	17		☐

◄ **Anzahl der angekreuzten Felder** ►

Fahrzeug B

6. Versicherungsnehmer
(siehe Kfz-Schein/
Grüne Versicherungskarte)

Name: _____

Vorname: _____

Anschrift: _____

Telefon: _____

Besteht Berechtigung zum Vorsteuerabzug?
nein ☐ ja ☐

7. Fahrzeug

Marke, Typ: _____

Amtl. Kennzeichen: _____

8. Versicherer

Vers.-Nr: _____

Agent: _____

Nr. der Grünen Karte: _____

Versicherungs-ausweis
oder Grüne Karte gültig bis: _____

Besteht eine Vollkaskoversicherung?
nein ☐ ja ☐

9. Fahrer (siehe Führerscheindaten)

Name: _____

Vorname: _____

Adresse: _____

Führerschein-Nr: _____

Klasse: _____ ausgestellt durch: _____

gültig ab _____ bis _____
(Für Omnibusse, Taxis usw.)

10. Bezeichnen Sie durch einen Pfeil den Punkt des ersten Anstoßes. ↓

11. Sichtbare Schäden

14. Bemerkungen

13. Unfallskizze

Bezeichnen Sie: 1. Straßenführung 2. Richtung der Fahrzeuge A und B (durch Pfeile) 3. Ihre Position im Moment des Zusammenstoßes 4. Straßenschilder 5. Straßennamen

10. Bezeichnen Sie durch einen Pfeil den Punkt des ersten Anstoßes. ↓

11. Sichtbare Schäden

14. Bemerkungen

15. Unterschrift beider Fahrer

A   B

* Name und Anschrift angeben

5 Wissens-Check

**1. Welche Unterlagen müssen im Linienverkehr
in einem Fahrzeug mit digitalem Tachografen mitgeführt werden?**

**2. Welche Unterlagen muss ein Fahrer im Gelegen-
heitsverkehr seit 01. Januar 2008 mitführen?**

**3. Wieviel Stunden darf ein Omnibusfahrer pro
Woche insgesamt höchstens arbeiten?**

**4. Wie hoch ist die werktägliche Höchstarbeitszeit
im Durchschnitt über 6 Monate?**

**5. Auf welche Tätigkeit muss der digitale
Tachograf gestellt werden, wenn der Fahrer
eine Fahrtunterbrechung einlegt?**

6. Welche Sorgfaltspflichten haben Sie, um der Schleusung illegaler Einwanderer vorzubeugen?

7. Welche Unfallursachen liegen in der allgemeinen Verkehrsunfallstatistik an der Spitze?

8. Wo ereignen sich die meisten der meldepflichtigen Arbeitsunfälle in Omnibusunternehmen?

9. Welche präventiven Maßnahmen zur Vermeidung von Notfällen können Sie treffen?

10. Welche Grundsätze sollen bei einer Brandbekämpfung mit Feuerlöscher unbedingt beachtet werden?